W0059836

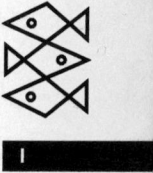

Die Reihe **Köpfe & Ideen** präsentiert große Forscher und Forscherinnen, die mit ihren revolutionären Ideen unser Bild der Welt beeinflußt und verändert haben. Anschaulich und anregend, kompetent und kompakt beschreiben die einzelnen Bände die Vorgeschichte und den »magischen Moment« der Entdeckung. Parallel dazu zeichnen sie ein Lebensbild dieser Männer und Frauen, die die Grenzen des Denkens ihrer Zeit sprengten und unser Wissen über die Welt und uns selbst erweiterten.

Weitere Bücher in dieser Reihe: ›Crick, Watson & die DNA‹, Bd. 14112; ›Einstein & die Relativität‹, Bd. 14114; ›Galilei & das Sonnensystem‹, Bd. 14118; ›Hawking & die Schwarzen Löcher‹, Bd. 14111; ›Newton & die Schwerkraft‹, Bd. 14116; ›Oppenheimer & die Bombe‹, Bd. 14119; ›Turing & der Computer‹, Bd. 14113; ›Archimedes & der Hebel‹, Bd. 14117 (in Vorbereitung); ›Bohr & die Quantentheorie, Bd. 14120‹ (in Vorb.); ›Curie & die Radioaktivität‹, Bd. 14121 (in Vorb.); ›Darwin & die Evolution‹, Bd. 14395 (in Vorb.).

Paul Strathern, geboren in London, studierte Philosophie und Mathematik. Er ist Autor zahlreicher Bücher, darunter mehrere Romane und Reisebeschreibungen. Er schreibt für verschiedene Magazine und Zeitungen (*The Observer, The Daily Telegraph, The Irish Times*). Strathern lebt in London.

Pythagoras von Samos (ca. 565–490 v. Chr.), der Begründer der religiös-politischen Lebensgemeinschaft der Pythagoreer, war der erste Philosoph und der erste Mathematiker (denn er prägte diese Bezeichnungen). Seit Pythagoras auch nennen wir unsere Welt einen Kosmos, für ihn der Inbegriff perfekter Harmonie und Ordnung. Daß die Welt mathematischer Natur sei und sich darum in Zahlenverhältnissen erfassen ließe – dieses Prinzip des »Alles ist Zahl« konnte er nachweisen: für die Bewegung der Gestirne, für Tonharmonien und eben für den – harmonischen Zahlenverhältnissen folgenden – Lehrsatz für rechtwinklige Dreiecke.

Stratherns anschauliche und farbige Darstellung beschreibt Leben und Ideenwelt eines Denkers, der schon zu Lebzeiten als göttlich verehrt wurde und dem wir weit mehr verdanken als nur ein mathematisches Beweisverfahren.

& Ideen

Köpfe

Paul Strathern

Pythagoras & sein Satz

Aus dem Englischen
von Xenia Osthelder

Fischer Taschenbuch Verlag

Deutsche Erstausgabe
Veröffentlicht im Fischer Taschenbuch Verlag GmbH,
Frankfurt am Main, März 1999

Die englische Originalausgabe erschien 1997
unter dem Titel ›Pythagoras & His Theorem‹
im Verlag Arrow Books, London
Copyright © Paul Strathern, 1997
Für die deutsche Ausgabe
© 1999 Fischer Taschenbuch Verlag GmbH, Frankfurt am Main
Redaktion: Felix Rudloff
Reihenkonzeption: Stephanie Keyl und Katja von Ruville
Frontispiz: AKG Berlin
Gesamtherstellung: Clausen & Bosse, Leck
Printed in Germany
ISBN 3-596-14115-X

Inhalt

Einleitung

Verrückt war er nicht, der Pythagoras; dieser Anschein trügt.

Vielmehr war er unbestreitbar das erste wahre Genie, das die westliche Kultur hervorbrachte, und er scheint Modellcharakter gehabt zu haben. Die ihm eigene Mischung aus hochkarätigen Geistesgaben und Wahnsinn wurde nämlich zu einem Markenzeichen der ganzen Gattung.

Pythagoras ist nicht deshalb der erste Mathematiker, weil sich niemand vor ihm der Zahlen bediente. Er ist nicht deshalb der erste Philosoph, weil er eine erste rationale Erklärung der Welt versuchte. Und er ist auch nicht deshalb ein Pionier des Glaubens an die Seelenwanderung, weil er überzeugt war, seine Seele habe in einem früheren Leben in einem Wurzelgemüse, einem Pharao oder Vergleichbarem gehaust. Pythagoras' Verdienst ist es vielmehr, die Begriffe Mathematiker, Philosoph und Seelenwanderung unserem heutigen Verständnis entsprechend geprägt und sie dann umgehend auf sich selbst angewendet zu haben. Er erfand auch das Wort Kosmos und bezeichnete damit die Welt. (Im Griechischen bedeutet Kosmos »Ordnung«, und Pythagoras wandte den Begriff auf die Welt an, weil er sie in ihrer Harmonie und Anordnung für vollendet hielt.)

Wir wissen wenig Genaues über den Menschen Pythagoras, und was wir ihm zuschreiben, mag sehr wohl das Werk seiner Anhänger gewesen sein. Selbst der berühmte Satz, der seinen Namen trägt, braucht nicht

& Ideen

unbedingt allein von ihm zu stammen. Auch in diesem Punkt rief Pythagoras eine Tradition ins Leben, die sich bis auf den heutigen Tag großer Beliebtheit erfreut: Man schreibt epochemachende Entdeckungen genialen Individuen zu, obwohl sie häufig das Werk ihres Teams sind. Ähnlich wie großartige Gemälde manchmal ausschließlich von den Schülern eines Meisters stammen.

Bertrand Russell beschrieb Pythagoras als »einen der geistig bedeutendsten Männer, die je gelebt haben, und zwar gilt das bei ihm nicht nur, wo er weise, sondern auch, wo er nicht weise ist«.

Pythagoras' Kernaussage lautete: »Alles ist Zahl«, und auf diesen berühmten Satz scheinen beide Kategorien Russells anwendbar. Ganz offensichtlich besteht die Welt nicht allein aus Zahlen, und doch gründete auch der fast zweieinhalb Jahrtausende später lebende Einstein sein Werk auf eine auffallend ähnliche Erkenntnis.

Pythagoras soll für viel höchst Gescheites verantwortlich sein, allem voran natürlich für seinen berühmten Satz. Dieser besagt:

Am rechtwinkligen Dreieck ist das Quadrat über der dem rechten Winkel gegenüberliegenden Seite den Quadraten über den den rechten Winkel umfassenden Seiten zusammen gleich:

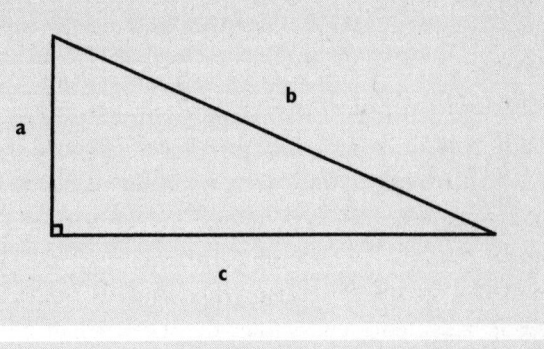

$$a^2 + b^2 = c^2$$

Doch als größtes Beispiel für Pythagoras' Genie mag wohl die Tatsache gelten, daß er den nach ihm benannten Satz auch tatsächlich bewies. Pythagoras führte den Beweis in die Mathematik ein und – damit verknüpft – das deduktive Denken. Nun konnte sich die Mathematik zu einer komplexen logischen Struktur von großer Kraft und Schönheit entwickeln und bestand nicht länger aus einer Reihe von Verfahren, bei denen man mehr oder weniger über den Daumen peilte. (In der Mathematik wurde die Logik schon nahezu 200 Jahre lang angewandt, bevor Aristoteles sie überhaupt erst »erfand«.)

Das beste Beispiel, wo Pythagoras »nicht weise« war, ist ohne Zweifel die von ihm gegründete Religion. Sie besteht aus einer langen Liste ungewöhnlicher Dogmen, die seine Jünger befolgen mußten. So durften sie nichts aufheben, was umgefallen war; auch war es ihnen nicht erlaubt, einen Schritt über eine Stange zu tun. Das Pflücken von Blumen und das Anfassen eines weißen Hahnes waren ebenfalls untersagt. Und unter gar keinen Umständen durften seine Schüler Bohnen essen. Als Begründung für dieses Verbot gab Pythagoras an, eine in ein frisches Grab gelegte und 40 Tage lang mit Dung bedeckte Bohne nehme menschliche Gestalt an.

Für uns ist nur mit Mühe nachvollziehbar, wie ein so hervorragender Mathematiker gleichzeitig solchen »Unsinn« verbreiten konnte. Doch Pythagoras war dazu offensichtlich in der Lage, was unsere Bewunderung für seine Geisteskräfte vielleicht noch steigern sollte.

Leben und Werk 15

Pythagoras wurde um 565 v. Chr. auf der griechischen Insel Samos in der östlichen Ägäis geboren. Er soll der Sohn eines reichen Graveurs und Händlers namens Mnesarchos gewesen sein, doch andere Quellen bestehen darauf, er sei ein Sohn Apolls, des Gottes der Musik, der Dichtkunst und des Tanzes, gewesen. In Russells Worten: »Ich überlasse dem Leser die Wahl.«

Im Jahrhundert vor Pythagoras' Geburt war Samos zur reichsten Insel der Ägäis geworden. Ihre Schätze sollen die Samer auf einer legendären Fahrt, die über die Säulen des Herkules* hinausging, erworben haben. Die samischen Schiffe kehrten mit sprichwörtlichen Reichtümern zurück, und Samos wurde zu einer großen Handelsmacht mit ägyptischen und spanischen Kolonien. Eine davon war Tartessos in Südspanien, eine Region, die im Alten Testament unter dem Namen Tarschisch erwähnt wird. An deren Südwestküste, jenseits der Säulen des Herkules, wurde Silber abgebaut, was Anlaß zur ersten legendären Reise gegeben haben könnte.

Pythagoras wuchs heran, als das Goldene Zeitalter der griechischen Kultur heraufzog. Die Griechen hatten ihre Herrschaft bis ans Schwarze Meer und in den Süden der italienischen Halbinsel ausgedehnt. Sie bezeichneten ihr Reich als Megale Hellas, die Römer nannten es später Magna Graecia. In Athen errichtete man die ersten Marmortempel auf der Akropolis, und auf dem ionischen Festland tauchten in Milet die ersten Philoso-

---

* Felsen beiderseits der Straße von Gibraltar

phen auf. Einer von ihnen war Anaximander, der Pythagoras' Lehrer werden sollte.

Als Begründer der westlichen Philosophie gilt Thales von Milet, der etwa 20 Jahre vor Pythagoras' Geburt wirkte. Die Philosophie war folglich ein neues Gebiet, dessen ganze Tragweite noch unerforscht war. (Eine Art Internet seiner Zeit, zog es eine ähnliche Mischung aus Wunderkindern, Freaks und Kümmerlingen an.) Thales äußerte als erster den Gedanken, die Welt sei aus einem einzigen Urstoff entstanden. Bei einem Streifzug durch die Hügel oberhalb von Milet war er auf versteinerte Muscheln gestoßen und schloß daraus, daß die gesamte Welt ursprünglich aus dem Wasser entstanden sei.

Anaximander war der zweite Philosoph der sogenannten Milesischen Schule. Er war ein beträchtlich kühnerer Geist als sein Meister Thales. Als erster versuchte er sich an einer rationalen Erklärung des Ursprungs der Welt. Wie wir sehen werden, landete er weitab vom Ziel, gründete seine Theorie aber wenigstens auf dem Verstand. Thales' Erklärungen hingegen lagen im Bereich des intelligenten Ratens.

Anaximander mag sein Handwerk von Thales gelernt haben, doch verfügte er über mehr Phantasie und ging die Fragen wissenschaftlich an. Ihm verdanken wir eine der ersten Weltkarten. Seiner Meinung nach mußte die Welt eine gekrümmte Oberfläche haben, er kam aber nicht zu dem Ergebnis, daß sie in jeder Ebene gekrümmt war. Er dachte, die Erde habe die Gestalt eines

Zylinders, sehe also aus wie ein Säulenstumpf, und die Menschen bewohnten eine der beiden Grundflächen.

Seine Sonnenbeobachtungen führten zur Erfindung der Sonnenuhr, ein bahnbrechendes Ereignis für die westliche Kultur. Zuvor kannte man keine genaue Methode der Zeitmessung: Chronos (die Zeit) war ein Gott, nun wurde er zu einem Instrument. Der Begriff der Dauer war ins Reich der Wissenschaft gerückt. Symbolisch hatte die Menschheit die Herrschaft über die Zeit angetreten.

Anaximander kam bei seinen Beobachtungen zu dem Schluß, daß die Sonne erheblich größer als die Erde sein müsse. Seine Theorie war sensationell, widersprach sie doch dem, was jeder Mensch mit eigenen Augen sah. Sie setzte sich über den »gesunden Menschenverstand« seiner Zeitgenossen hinweg und war damals ebenso unvorstellbar wie heute die Relativitätstheorie, derzufolge der Raum gekrümmt und die Zeit relativ ist. (Für deren Entdecker, Albert Einstein, war der »gesunde Menschenverstand« lediglich die Summe der Vorurteile, die man sich bis zum 18. Lebensjahr aneignet.) Anaximanders Berechnungen zufolge war die Sonne 27mal größer als die Erde. Wenn man berücksichtigt, daß seine einzige Hilfe das menschliche Auge war und ihm zur Berechnung nur sein Gehirn zur Verfügung stand, ist sein Ergebnis bemerkenswert. (Tatsächlich ist der Durchmesser der Sonne etwa 100mal größer als der der Erde.)

Auch eine Sternenkarte verdanken wir Anaximander.

Über die Lebewesen lehrte er, sie seien aus dem Feuchten entstanden, das unter der Einwirkung der Sonne verdunstete. Diese Ideen legte er in einem Werk mit dem Titel ›Über die Natur‹ nieder, das in den gelehrten Kreisen des östlichen Mittelmeeres zirkulierte. Leider ist von dieser Abhandlung nur ein einziges Fragment in einem 200 Jahre jüngeren Werk übriggeblieben: »Woraus die Dinge entstehen, dahin vergehen sie auch wieder nach der Notwendigkeit. Denn sie zahlen einander Strafe und Buße für ihre Ungerechtigkeit nach der Ordnung der Zeit.« So lauten die ersten uns wörtlich überlieferten philosophischen Worte. Und wie so häufig in der Philosophie weiß niemand außer dem Verfasser, was genau gemeint ist. Doch ist uns aus anderen Quellen bekannt, daß Anaximander der Überzeugung war, die Welt sei aus einem Urstoff hervorgegangen. Dabei handelte es sich aber nicht um eines der bekannten Elemente wie etwa Wasser. Anaximander bezeichnete seinen Urstoff als »das Grenzenlose« (griech. *apeiron*) und beschrieb ihn als zeitlos und unzerstörbar. Wie wir noch sehen werden, hat diese Substanz eine mehr als flüchtige Ähnlichkeit mit Pythagoras' Zahlenverständnis. Es bedurfte nur des rechten Mannes zur rechten Zeit. Anaximander schien der ideale Lehrer für den Begründer der westlichen Kultur gewesen zu sein.

Und die verrückten Ideen des Pythagoras? Woher hatte er diese? Es sieht so aus, als habe Pherekydes, sein zweiter Lehrer, diese Saat gesät. Wenn wir Anaximander die

Rolle des Wunderkinds zusprechen, dann war Phereky-des der Freak im antiken philosophischen Internet. Er war eine merkwürdige Mischung aus Philosoph und Märchenonkel und soll für die Lehre von der Seelen-wanderung verantwortlich sein. Derzufolge geht die Seele nach dem Tode in einen anderen Körper über, entweder in ein niedrigeres oder höheres Lebewesen, abhängig vom Verhalten des Menschen zu seinen Leb-zeiten. Der neue Körper kann menschlich, tierisch oder sogar eine Pflanze sein. Deshalb sollte eine Seele mög-lichst immer brav sein. Nur so ist es ihr möglich, dem ruhigen, sonnigen Dasein einer Olive zu entgehen und sich über die qualvolle Existenz eines Heiligen zu erheben, bis sie schließlich aus dem Zyklus von Geburt, Leben und Tod ausscheidet.

Solches Gedankengut findet sich in den meisten Kultu-ren, wobei es häufig spontan entsteht. Wie das Men-schenopfer mag es durchaus ein Stadium unserer psychischen Entwicklung repräsentieren. Daher spricht nichts dagegen, daß Pherekydes nicht von selbst auf die Seelenwanderung gekommen ist. Andere Gelehrte ver-muten, er habe die Idee bei den Ägyptern geklaut und als seine eigene ausgegeben. Und diejenigen, die weder Pherekydes noch den Ägyptern originelle Gedanken zutrauen, behaupten, der Gedanke stamme aus Indien, wo der Glaube an die Seelenwanderung bis auf den heu-tigen Tag weitverbreitet ist.

Wie dem auch sei, eine Sache steht fest: Pythagoras übernahm den Gedanken der Seelenwanderung mit

& Ideen

einer Menge anderem Hokuspokus von dem Schwadroneur Pherekydes. Es scheint, als sei der junge Pythagoras den Ideen mit Skepsis begegnet; er nahm sie trotzdem auf, und sie schlummerten in ihm. Wir können bei keiner geringeren Autorität als Aristoteles lesen, daß Pythagoras sich zunächst mit Mathematik und Arithmetik beschäftigt und erst zu einem späteren Zeitpunkt mit den Geheimlehren des Pherekydes abgegeben habe.

Doch es sollten viele Jahre vergehen, bevor diese Verirrungen wieder an der Oberfläche auftauchten. Wichtiger ist die Frage, wo sich Pythagoras zuerst mit »Mathematik und Arithmetik« beschäftigt hat. Anaximander war Naturphilosoph, Pherekydes ein Metaphysiker; aber keiner von beiden war Mathematiker.

Pythagoras scheint seine mathematischen Kenntnisse während seiner Reisen durch Ägypten erworben zu haben. In jenen Tagen reiste man in den Nahen Osten und nach Asien, um das Gehirn anzuregen, nicht um es abzuschalten. Die Ägypter galten als den Griechen kulturell überlegen, was wahrscheinlich damals tatsächlich zutraf, auch wenn es nicht mehr lange so bleiben sollte. Bei Aristoteles ist zu lesen, in Ägypten habe die Mathematik ihren Anfang genommen, weil dort die Priesterkaste viel freie Zeit habe. Vorher waren die Griechen viel zu sehr mit Stammesfehden beschäftigt gewesen, um sich mit Spitzfindigkeiten wie abstrakten Berechnungen zu befassen. (Auch während der Blütezeit der griechischen Kultur wurden die Kämpfe fortgesetzt, doch mittlerweile waren die Mathematiker ihrer Sucht so verfallen, daß sie nicht mehr in der Lage waren, sich davon zu befreien.)

Seit den frühesten Dynastien hatten die Ägypter ihre Häuser aus gleichmäßig geformten Lehmziegeln gebaut, die sie aus Nilschlamm herstellten. Für große Gebäude wurden große Mengen solcher Ziegel benötigt. Bei der Berechnung dieser Mengen entdeckten die Ägypter, welche Anzahl sie brauchten, um Körper, wie z. B. Würfel oder Pyramiden, zu füllen, und entwickelten dafür ein Dezimalsystem. Auch in der Bruchrechnung waren sie höchst geschickt. Von überlieferten Papyri wissen wir, daß die Ägypter $2/29$ auch als $1/24 + 1/58 + 1/174 + 1/232$ schrieben. Sie wußten darüber hinaus, daß dieselbe Summe auch folgendermaßen geschrieben werden kann:

$$1/15 + 1/435 \text{ oder}$$
$$1/16 + 1/232 + 1/464$$

Historiker vermuten, daß die Verteilung von Nahrungsmitteln solche komplexen Rechnungen erforderlich machte. Wir sollten jedoch das spielerische Element in diesen Rechnereien nicht übersehen. Aristoteles weist beispielsweise darauf hin, daß die Priester Zeit und Muße hatten – und die Mathematik ist ein faszinierendes intellektuelles Spiel. In einer hochentwickelten und gleichzeitig streng reglementierten Gesellschaft ist der Intellektuelle gut beraten, sich private Anregung zu

suchen. (Man denke nur an die Beliebtheit des Schach-
spiels in der ehemaligen Sowjetunion.) Die Mathematik
mag aus praktischer Notwendigkeit geboren worden
sein, doch ihre rein abstrakte Seite wurde wahrscheinlich schon von den ersten Menschen entdeckt. So scheinen rätselhafte Höhlenzeichnungen in Indien und
Frankreich neben rein künstlerischen auch mathematische Muster aufzuweisen.

Doch zurück nach Ägypten und zu den Dingen, die
Pythagoras während seines Aufenthaltes dort gelernt
haben könnte. Abgesehen von der Arithmetik entdeckten die Ägypter auch die Geometrie, wörtlich übersetzt »Vermessung der Erde«. Geometrische Verfahren
wurden im alten Ägypten dazu benutzt, die nach jeder
Nilüberschwemmung verschwundenen Grenzen der
Ländereien neu festzulegen.

Diese dauernde Übung führte zu geometrischer Perfek-
tion. Der Schreiber Ahmes, dessen Aufzeichnungen aus
dem Jahre 1650 v. Chr. stammen, gab an, eine Kreisflä-
che entspreche dem Quadrat von $8/9$ seines Durchmes-
sers. Er hatte π zwar noch nicht entdeckt, doch seine
Formel ergab eine Zahl, die bis auf 2 % an π heran-
kam. Für das ägyptische Bauwesen war das ausreichend.
Ahmes ist der erste, der aus dem Halbdunkel der mathematischen Anfänge hervortritt. Allerdings muß man
davon ausgehen, daß er seine scharfsinnigen Denk-
aufgaben aus einer anderen Quelle abschrieb. (Auch
dies begründete eine Tradition, die große und kleine
Mathematiker in späteren Zeiten imitieren sollten.)

Mit Blick auf Pythagoras und seinen Satz ist jedoch wichtiger, daß die Ägypter bereits wußten, daß ein Dreieck, dessen Seitenlängen im Verhältnis 3 : 4 : 5 stehen, einen rechten Winkel hat. Wir haben Hinweise darauf, daß sie auch andere Eigenschaften solcher Dreiecke kannten, einschließlich einer einfachen Trigonometrie. (Laut Überlieferung berechnete Thales [650–560 v. Chr.] die Höhe der Pyramiden mit Hilfe ihres Schattens. Dafür bediente er sich eines trigonometrischen Verfahrens, das Jahrhunderte zuvor von den Ägyptern entwickelt wurde.)

Es heißt, Pythagoras sei von Ägypten nach Babylonien gereist (das auch als Mesopotamien bekannt ist und in etwa dem heutigen Irak entspricht). Im 6. Jahrhundert v. Chr. waren die Babylonier erfahrene Astronomen. Sie hatten den Zyklus der Sonnen- und Mondfinsternisse für viele Jahrhunderte vorausberechnet. Ihre Angaben waren bemerkenswert genau; die Abweichungen betrugen selten mehr als einen Tag. Thales profitierte von diesen Kenntnissen, die den Griechen seiner Zeit unbekannt waren. So wurde er berühmt, weil er eine Sonnenfinsternis voraussagte; das Datum hatte er babylonischen Quellen entnommen.

Die babylonischen Mathematiker waren in abstrakte Bereiche vorgedrungen, zu denen die Ägypter keinen Zugang hatten. Im Gegensatz zu den Ägyptern, die mit abstrakten Denkfiguren im Rahmen ihrer religiösen Praxis nur spielten, waren die Babylonier davon überzeugt, daß ihre Berechnungen religiöse Bedeutung hatten. Rechenübungen waren eine Form der religiösen Initiation und führten zu einer höheren Ebene der Geistigkeit. Dieser Gedanke sollte eine nachhaltige Wirkung auf Pythagoras ausüben.

Die Babylonier konnten lineare und quadratische Gleichungen lösen, hatten allerdings wie die Ägypter keine algebraische Notation entwickelt. Eine babylonische Lehmtafel aus dem 2. Jahrtausend v. Chr., die heute zur Yale Collection gehört, stellt ein Quadrat mit seinen Diagonalen dar. Die Maße werden in einfacher Keilschrift angegeben, doch die mathematische Darstellung ist weit davon entfernt, simpel zu sein. Im Gegenteil. Bei den Zahlen findet sich ein Wert für $\sqrt{2}$, der bis auf sechs Dezimalstellen genau ist (1,414213). Daraus lassen sich mehrere Schlüsse ziehen. Die Babylonier kannten offensichtlich eine Methode, Quadratwurzeln zu ziehen. Sie wußten aber nicht, daß $\sqrt{2}$ eine irrationale Zahl ist. (Eine irrationale Zahl kann nicht als endliche oder unendliche periodische Dezimalzahl geschrieben werden. Mit anderen Worten, sie kann nicht exakt berechnet werden. Sie wird als inkommensurabel bezeichnet. Die bekannteste irrationale Zahl ist π.)

Es scheint also festzustehen, daß die Babylonier nichts von der Existenz irrationaler Zahlen wußten. Von größerer Bedeutung ist, daß die Babylonier – wie die Lehmtafel zeigt – schon ein ganzes Stück des Weges zu jenem Satz zurückgelegt hatten, der Pythagoras so berühmt machen sollte. Sie wußten um die Verhältnisse zwischen den Seiten eines rechtwinkligen Dreiecks und seiner Hypotenuse, hatten aber noch keine einfache Methode entdeckt, die Verhältnisse darzustellen. Sie verließen sich noch immer auf die Peilung über den Daumen, was eine allgemeine Darstellung in algebraischer Form unmöglich machte.

Der Legende nach soll Pythagoras noch über Babylonien hinaus in den Orient gereist sein. In Persien soll er Magier kennengelernt haben und sogar indische Brahmanen. Weitere, noch phantastischere Quellen erzählen von Zusammenkünften mit keltischen Druiden in der Bretagne oder in Cornwall und Wales. Solche Begegnungen sind zwar höchst unwahrscheinlich, müssen aber auch nicht völlig aus der Luft gegriffen sein. Wir wissen, daß die in Spanien liegende samische Kolonie Teremessos Handelsbeziehungen zur Bretagne und zu den Zinnminen in Südwestengland unterhielt. Auch ist es durchaus möglich, daß Pythagoras, wenn er schon nicht bis nach Persien und Indien reiste, bei seiner Durchquerung Phöniziens* von den Lehren der Magier und Brahmanen hörte. Die östlichen Handelsstraßen, die bis nach Indien reichten und zwei Jahrhunderte später von den Armeen Alexanders des Großen genutzt werden sollten, endeten in den phönizischen Häfen von Tyros und Sidon.

* Schmaler Landstrich an der Mittelmeerküste in Höhe des heutigen Syrien, Libanon und Israel

Pythagoras hat auf seinen Reisen weitaus mehr als nur mathematische Kenntnisse erworben. »Da er in wissenschaftlicher Absicht reiste, so wird von ihm erzählt, daß er in fast allen Mysterien der Griechen und Barbaren sich habe einweihen lassen, ebenso in den Orden oder die Kaste der ägyptischen Priester aufgenommen worden sei«, heißt es bei Hegel. Pythagoras' Reisen mögen Forschungsinteressen gegolten haben, sie scheinen aber auch eine Art religiöser Suche gewesen zu sein. Als wolle ein großer Verstand alles Wissenswerte aufnehmen, wobei die Triebkräfte dieses Geistes merkwürdig gespalten gewesen zu sein scheinen. Seine mathematische Intelligenz existierte Seite an Seite mit einem religiösen Sendungsbewußtsein.

Unser größtes Problem ist, daß wir so wenig über den Menschen Pythagoras wissen. Wir können zwar eine schemenhafte Skizze seines Verstandes entwerfen, aber die Farben seiner Persönlichkeit sind längst verblaßt. Wir wissen nichts über seine Beziehung zu Vater oder Mutter oder ob er sie überhaupt kannte. (Große Philosophen wie Pythagoras kannten häufig kein Familienleben, man denke etwa an Platon, Descartes, Hume, Kant, Nietzsche, um nur einige Namen zu nennen.) In jedem Fall muß sich etwas Ungewöhnliches in seinem Leben ereignet haben.

Außerordentliche Geistesgaben sind selten genug, doch ein Genie mit religiösem Sendungsbewußtsein wie Pythagoras ist wohl einmalig. Nur zwei andere Persönlichkeiten kommen einem dabei in den Sinn: Augustinus, der größte Philosoph des 1. Jahrtausends und Bischof von beträchtlichem Einfallsreichtum und Ingrimm, der alles daran setzte, den christlichen Glauben zu verbreiten, sowie Pascal, als Religionsphilosoph im 17. Jahrhundert unübertroffen und einer der führenden Mathematiker seiner Zeit. Doch keiner von beiden rief seine eigene Religion ins Leben, noch wurde er zu einem »der geistig bedeutendsten Männer, die je gelebt haben«.

Doch als Pythagoras endlich von seinen Reisen nach Samos zurückkehrte, lag all dies noch in der Zukunft. Es erscheint aber mehr als wahrscheinlich, daß er sich seiner außergewöhnlichen Gaben jetzt sehr bewußt war. Vielleicht war er sogar zu sehr von sich überzeugt, wenn man davon ausgeht, was sich einige Jahre nach seiner Heimkehr zutrug.

In jenen Tagen wurde Samos von dem Tyrannen Polykrates regiert. Dieser geschäftstüchtige und rücksichtslose Herrscher hatte beschlossen, Samos' Handelsbeziehungen auszudehnen. Ein Großteil der berühmten, einhundert Schiffe starken samischen Flotte wurde nicht länger für den einträglichen Handel eingesetzt, sondern für die noch lukrativere Piraterie. Mit den daraus erworbenen Gewinnen machte sich Polykrates daran, ein Bauprogramm umzusetzen, das jedem Tyrannen, der etwas auf sich hält, Ehre gemacht hätte. Bei Herodot können wir lesen, daß die »Samier die drei gewaltigsten Bauwerke geschaffen haben, die sich in ganz Hellas finden«. Es handelte sich dabei um einen der Hera geweihten Tempel (den größten, den Herodot auf seinen ausgedehnten Reisen durch ganz Griechenland und den Nahen Osten sah), eine ausgedehnte Mole zum Schutz des Hafens und ein Aquädukt, das in einem drei Kilometer langen Tunnel durch einen Berg führte. Noch heute sind die eindrucksvollen Ruinen dieser drei Bauwerke zu bewundern.

Wie so mancher ungehobelte Diktator wollte auch Polykrates als Mann von Kultur gelten. Er griff daher tief in die Tasche und holte Intellektuelle und Künstler aus der gesamten Ägäis an seinen Hof.

Pythagoras hatte schon bald den Ehrenplatz des Hof-Universalgenies inne. Auch in jenen Tagen neigten Herrscher dazu, sich bei ihren Beratern Ratschläge zu holen, und so kann es durchaus sein, daß Pythagoras eine politische Rolle spielte. Sein späteres Leben erweckt den Eindruck, als habe er auf politische Erfahrung zurückgreifen können, und es ist unwahrscheinlich, daß er sie nicht auf seiner Heimatinsel erwarb.

Die innenpolitische Situation auf Samos war nicht gerade einfach und dürfte Pythagoras' ganze Fähigkeiten gefordert haben. Polykrates hatte die Macht während eines Volksfestes an sich gerissen und sich dabei zahlreiche Feinde gemacht. Auch außenpolitisch befand sich Samos in der Klemme. Neidisch blickten die anderen ägäischen Mächte auf den Reichtum der Insel. Außerdem reagierte man in Sparta und Athen immer gereizter auf Polykrates' unkonventionelle Methoden der Handelsschiffahrt. Konfliktträchtiger war allerdings, daß das persische Reich sich gerade bis an die Küste Kleinasiens ausdehnte, die an ihrer schmalsten Stelle nur anderthalb Kilometer vom samischen Ufer entfernt ist. Um die persische Bedrohung abzuwenden, verbündete sich Polykrates mit den Ägyptern, wechselte aber unvermittelt die Seiten, nachdem er seine politischen Gegner nach Ägypten verjagt hatte. Welche Rolle Pythagoras bei diesen Ereignissen spielte, ist unklar. Er muß jedoch auf die ein oder andere Weise betroffen gewesen sein, gleichgültig, welche Position er innehatte. Als einer der führenden Bürger dürfte es für ihn unvermeidbar gewesen sein, Stellung zu beziehen. Es sieht jedoch so aus, als sei Pythagoras nicht gescheitert, weil er auf das falsche Pferd gesetzt hatte. Sein Streit mit Polykrates hatte wohl persönliche Gründe.

Pythagoras fühlte sich jedem mickrigen Tyrannen überlegen und hielt mit seiner Einstellung anscheinend auch nicht hinter dem Berg. Diesen Fauxpas sollte er bereuen. Die Hofetikette eines Tyrannen ist in diesem Punkt sehr klar, und Pythagoras sollte das zu spüren bekommen.

Er wurde auf alle Zeiten in die Verbannung geschickt. Einer hartnäckigen Überlieferung zufolge soll er zuvor eingekerkert worden sein. Am südlichen Ende der Insel kann man noch heute eine finstere Höhle in einem Berghang besichtigen, welche die Einheimischen als Pythagoras' Gefängnis bezeichnen. Pythagoras mußte fast zweieinhalbtausend Jahre warten, bis er rehabilitiert wurde. Erst 1955 wurde die einstige Hauptstadt des

Polykrates in Pythagorion umbenannt, um Samos'
größten Sohn zu ehren.

Als Polykrates Pythagoras' Verbannung aussprach,
stand dieser mit seiner Überzeugung, ein Mensch von
außerordentlichen Geistesgaben zu sein, nicht mehr allein. Auch seine griechischen Kollegen achteten ihn und
zeigten ihre Wertschätzung auf die übliche Weise. Der
Philosoph Anaximenes, ein rivalisierender Schüler des
Anaximander, soll Pythagoras als »den fleißigsten aller
Wissensdurstigen« beschrieben haben, um im gleichen
Atemzug die Früchte seiner Arbeit als Schwachsinn
abzutun. Ebensowenig beschränkte sich die Rivalität
zwischen Samos und dem ionischen Festland auf den
Handel, wie der folgende Kommentar des ionischen
Philosophen Heraklit erkennen läßt: »Vielwisserei gibt
noch keinen Verstand. Sonst hätten Hesiod und Pytha-
goras ihn doch haben müssen ...«

Von Samos aus reiste Pythagoras gen Westen und kam
gegen 529 v. Chr. in Magna Graecia (Unteritalien) an. Er
ließ sich in der griechischen Kolonie Kroton nieder,
dem heutigen Crotone, an der Sohle des italienischen
Stiefels. Pythagoras nannte sich inzwischen Philosoph
und etablierte sich als Lehrer. Rasch bildete sich ein
Kreis von Jüngern um ihn, die seine ungewöhnlichen
Fähigkeiten erkannt hatten.

Im Griechischen bedeutet Philosoph »Liebhaber der
Weisheit«, und Pythagoras war der erste, der sich als ein
solcher bezeichnete. Vor ihm waren Philosophen unter
dem Namen Sophisten bekannt, was »weise Männer«

heißt. Was Pythagoras mit diesem Schritt sagen wollte, ist bei manchen umstritten. Es heißt, Pythagoras habe sich aus Bescheidenheit nicht als weise bezeichnet, sondern als von der Weisheit angezogen – stets auf der Suche, aber nie am Ziel. Das scheint unwahrscheinlich. Solche Bescheidenheit würde nicht zu Pythagoras passen. Obwohl die Philosophie erst ein halbes Jahrhundert alt war, hatte sie nämlich bereits einen schlechten Namen. Wie alle »Weisheit« seit den Anfängen der Menschheit übte die Philosophie eine unwiderstehliche Anziehungskraft auf Scharlatane und Schwindler aus. Indem er sich Philosoph nannte, wollte sich Pythagoras wahrscheinlich von diesen Ehrenmännern abgrenzen. (Wie wir allerdings sehen werden, waren die Eskapaden seiner unlauteren Vorgänger harmlos im Vergleich zu dem, was sich Pythagoras ausdachte.)

Erst im 19. Jahrhundert unterschied Hegel klar zwischen Philosophen und Sophisten. Er beschrieb den alten Gegensatz mit dem Unterschied zwischen einem Weinliebhaber und einem, der das Bechern liebt. Leider hatten die griechischen Philosophen noch einige Jahrhunderte lang weit mehr äußerliche Ähnlichkeit mit dem letzteren.

Wir können fast mit Sicherheit davon ausgehen, daß Pythagoras seine wichtigsten mathematischen Arbeiten zu Beginn seiner Zeit in Kroton schuf, einschließlich seines berühmten Satzes. (Wenn Pythagoras ihn denn entdeckte und nicht einer seiner Anhänger: ein leidiges Thema, auf das wir später noch einmal zu sprechen kommen werden.) Wie wir bereits sahen, hatten sich die Babylonier der Formel auf Haaresbreite genähert. Sie wußten, daß ein rechtwinkliges Dreieck mit den Seitenlängen 3 und 4 eine Hypotenuse von der Länge 5 hat. Auf einem der Keilschrifttäfelchen werden fünfzehn verschiedene Zahlentripel aufgelistet, die alle die Seitenlängen von rechtwinkligen Dreiecken bezeichnen. Doch es war wahrscheinlich Pythagoras oder einer seiner Schüler, der schließlich mit einer Formel für rechtwinklige Dreiecke aufwartete:

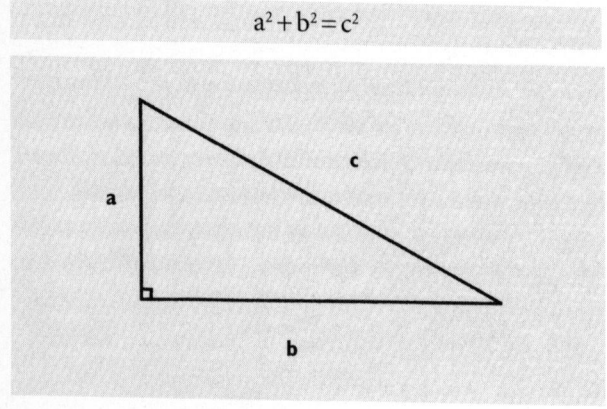

$$a^2 + b^2 = c^2$$

Die Formel ist aus mehreren Gründen revolutionär. Sie kennzeichnet den griechischen Beitrag zur Mathematik und ist der Grund dafür, warum wir die Griechen noch heute in mancher Hinsicht als die Begründer dieser Disziplin betrachten. Die Griechen waren die ersten, die sich ausschließlich theoretisch mit der Mathematik beschäftigten, deren Verfahren jedoch allgemein angewendet werden konnten. Sie gingen aber noch einen Schritt weiter, indem sie diese allgemeinen Verfahren durch *Beweise* bestätigten. Die Babylonier und Ägypter verfügten zwar auch über mathematische und geometrische Verfahren, sie blieben aber im Bereich des Ungefähren. Da diesen Völkern die Kenntnisse der Algebra fehlten, konnten sie ihre Verfahren nicht allgemeingültig formulieren. Erst mit Hilfe der Algebra konnten Lehrsätze bewiesen oder widerlegt werden. (Den Griechen wiederum fehlte für ihr deduktives Verfahren das Wort. Wie viele Begriffe arabischen Ursprungs – Alkohol, Alchemie und Almanach – tauchte »Algebra« erst im Mittelalter auf. Es leitet sich vom arabischen *al-jebr* her, das Vereinigung und, implizit, Gleichung bedeutet.)

Abstraktion, Beweis und deduktives Denken: diese drei elementaren Merkmale der Mathematik wurden von den alten Griechen eingeführt, mit großer Wahrscheinlichkeit sogar von Pythagoras.

Da Pythagoras nichts Schriftliches hinterlassen hat, wissen wir nicht, wie er seinen Satz bewies. Euklid, der seine Aufzeichnungen über zwei Jahrhunderte später machte, führt in seinen ›Elementen‹ gleich mehrere Beweise an. Euklids Abhandlung sollte über 2000 Jahre lang die Grundlage der Geometrie bleiben. Vermutlich stammt wenigstens einer der bei Euklid angeführten Beweise von Pythagoras. Vitruv, der berühmte römische Baumeister des 1. Jahrhunderts v. Chr., behauptete als erster, Pythagoras selbst habe seinen Satz entwickelt. (Vitruvs

Theorie der menschlichen Körperproportionen diente übrigens Leonardo als Grundlage für jene berühmte Illustration einer menschlichen Figur in dem von einem Kreis umgebenen Quadrat.) Tatsächlich sind unsere Kenntnisse von Pythagoras so wenig gesichert, daß es buchstäblich unmöglich ist, seine Ideen von denen seiner Anhänger abzugrenzen. Wie bereits erwähnt, hat er nichts Schriftliches hinterlassen, weshalb wir uns auf die Werke der Pythagoreer und späterer Autoren verlassen müssen. Bei den Pythagoreern war es jedoch üblich, alle Entdeckungen dem Meister zuzuschreiben, so daß ihre Auskünfte nur begrenzt hilfreich sind. Ich werde die entscheidenden pythagoreischen Gedanken dem Meister selbst zuschreiben und später auf Entwicklungen eingehen, die das Werk seiner Jünger gewesen sein könnten.

Der Satz des Pythagoras führte zu einer ganzen Reihe faszinierender Entdeckungen über rechtwinklige Dreiecke mit ganzzahligen Seitenlängen, das heißt Seiten von der Länge einer ganzen Zahl. (Heute nennen wir sie pythagoreische Dreiecke.) Ein Dreieck mit den Seitenlängen 3, 4 und 5 hat jedoch mehrere Eigenschaften, die sich bei den anderen pythagoreischen Dreiecken nicht finden lassen. So ist es das einzige Dreieck, dessen Seitenlängen eine arithmetische Folge bilden, und das einzige Dreieck überhaupt mit ganzzahligen Seitenlängen, dessen Fläche der Hälfte seines Umfangs entspricht. Es gibt daneben nur zwei pythagoreische Dreiecke mit Flächen, die ihrem Umfang entsprechen (5, 12, 13 und 6, 8, 10).

Indem die Griechen aus der Mathematik eine rein theoretische Wissenschaft machten, war auf einmal Raum für Spekulation, Spiel und neue Entdeckungen. Man konnte einfach einem Gedankengang folgen und berechnen, wohin er führte. Das Tor zum weiten Feld der mathematischen Forschung war aufgestoßen worden.

Eine weitere große Entdeckung, die sich aus dem Satz des Pythagoras ergab, waren die irrationalen Zahlen. Folgt man Pythagoras' Satz, hat ein gleichschenkliges Dreieck mit der Seitenlänge 1 eine Hypotenuse der Länge $\sqrt{2}$.

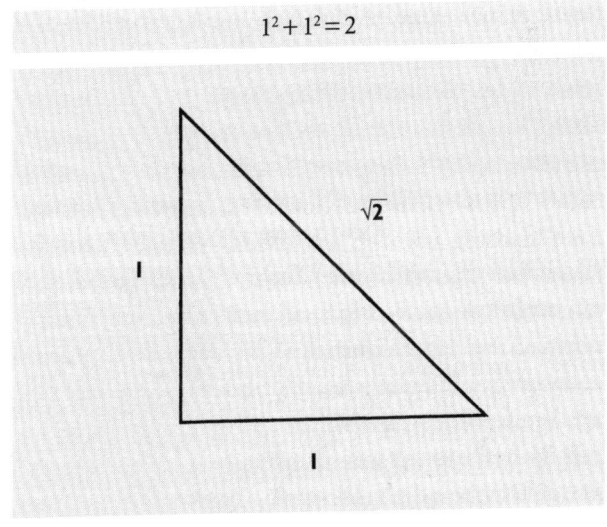

$$1^2 + 1^2 = 2$$

Die Pythagoreer stellten fest, daß es unmöglich war, einen Wert für $\sqrt{2}$ zu finden. Die Länge der Hypotenuse eines solchen Dreiecks konnte nicht exakt gemessen werden. Gleichgültig, wie groß die Einheiten gewählt wurden und wie genau das Lineal war, die Länge fiel immer zwischen zwei Meßstriche. Was für die Messung zutraf, zeigte sich noch überzeugender, wenn man die Länge zu berechnen versuchte. $\sqrt{2}$ entspricht keiner rationalen Zahl. Ihr Wert kann nicht als Dezimalbruch ausgedrückt werden, der sich entweder wiederholt oder endet. $\sqrt{2} = 1{,}4142135623\ldots$, und so geht es weiter, ohne Ende, ohne eine sich wiederholende Zahlenfolge. Wenn zwei Seiten eines rechtwinkligen Dreiecks die Länge »einer Einheit« haben, ist es nicht möglich, die Länge der Hypotenuse in derselben Einheit auszudrükken.

Doch woher wissen wir das überhaupt? Selbst wenn wir $\sqrt{2}$ bis auf eine Milliarde Stellen nach dem Komma ausrechnen – woher wissen wir, daß die nächste Stelle nicht die letzte ist? Bei Euklid finden wir den Beweis, warum das so ist, und wir wissen mit Sicherheit, daß dieser Beweis auch schon den Pythagoreern bekannt war. Er besteht aus einer *reductio ad absurdum*, die besagt, daß die Länge einer ihren beiden Seiten entsprechenden Hypotenuse sowohl gerade als auch ungerade sein müßte!

Der Beweis lautet: bei einem gleichschenkligen Dreieck mit der Seitenlänge 1 kann die Hypotenuse als Bruch $\frac{x}{y}$ ausgedrückt werden.

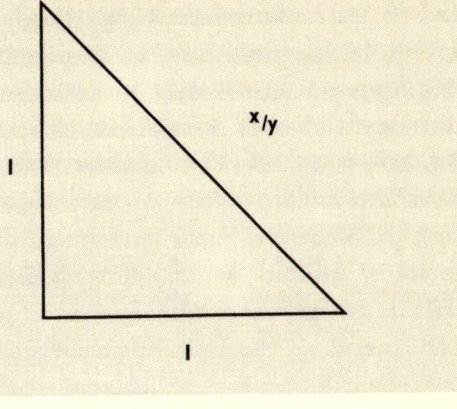

Nach dem Satz des Pythagoras ist

(1) $1^2 + 1^2 = \dfrac{x^2}{y^2}$

(2) Dabei ist $\dfrac{x^2}{y^2} = 2$

Wenn x und y einen gemeinsamen Faktor haben, dividiere durch ihn, danach ist entweder x oder y ungerade.

(3) Aus $x^2 = 2\,y^2$
folgt, daß x^2 gerade ist, folglich auch x.
Daraus folgt, daß y ungerade ist.
(4) Doch angenommen $x = 2a$
(5) Dann ist nach Zeile (3) $4a^2 = 2y^2$
(6) Dann aber ist $2a^2 = y^2$
Daraus aber folgt, daß y gerade ist.

Pythagoras führte auch weitreichende praktische Versuche durch, besonders auf dem Gebiet der Harmonielehre in der Musik. Er entdeckte, daß musikalische Harmonien, also gleichzeitig erklingende Töne, die auf Saiten (wie bei der Gitarre) oder als Luftsäule (wie etwa bei der Flöte) erzeugt werden, als bestimmte mathematische Verhältnisse ausgedrückt werden können. Die schönsten (angenehmsten) Harmonien entsprachen den schönsten (einfachsten) Zahlenverhältnissen. Die beiden Töne einer Oktave stehen im Verhältnis 2 : 1; die einer Quinte im Verhältnis 3 : 2; die einer Quarte im Verhältnis 4 : 3.

Pythagoras' Forschungen festigten seinen wachsenden Glauben an die Mathematik. Ihm ging es dabei um mehr als eine intellektuelle Beschäftigung. Die Mathematik schien ihm eine Erklärung der Welt zu liefern. Harmonien, Proportionen, die Eigenschaften der Zahlen, die Schönheit des Einfachen und bestimmte Formen schienen die letztlich numerische Natur aller Dinge zu offenbaren. Noch deutlicher wurde dies in seinen astronomischen Studien.

Auf diesem Gebiet stand Pythagoras unter dem Einfluß der Babylonier sowie seines Lehrers Anaximander, der als erster eine Himmelskarte konstruiert hatte. Die Astronomie, wie wir sie heute kennen, war von den Babyloniern begonnen worden, die von der obersten Plattform ihrer turmhohen treppenförmigen Tempel, der Zikkurats, den Nachthimmel beobachteten. Wir wissen heute, daß die Babylonier bereits 1975 v. Chr.

regelmäßig den Planeten Venus beobachteten. Keilschrifttafeln aus jener Zeit liefern uns die ersten systematischen Aufzeichnungen von Naturereignissen, es sind die ersten bekannten naturwissenschaftlichen Dokumente. Um 747 v. Chr. beobachteten die Babylonier regelmäßig die Sonnen- und Mondfinsternisse, was sie zu systematischen Voraussagen der Umlaufbahnen befähigte. Mond und Sonne mit eingerechnet, kannten die Babylonier sieben Planeten, denen sie göttlichen Ursprung zuschrieben.

Die periodische Bewegung der Himmelskörper bekräftigte Pythagoras' Glauben an die Mathematik. Von Urzeiten an war man davon ausgegangen, daß die Erde der Mittelpunkt des Universums sei. Anaximander hatte als erster festgestellt, daß die Planeten der Erde näher waren als die Sterne. Seine Beobachtung der Planetenbewegungen hatte ihn außerdem überzeugt, daß sie die Erde in unterschiedlichen Entfernungen umkreisten. Das brachte Pythagoras auf eine großartige Idee: Die sieben Planeten und die Erde glichen auf gewisse Weise einer Oktave. Die Planeten (oder Sphären) entsprachen den Saiten einer Lyra und riefen eine musikalische Harmonie himmlischer Töne hervor, die er »Sphärenharmonie« taufte.

Natürlich gibt es immer ein paar Schlaumeier, die unwillkommene Fragen stellen. Zum Beispiel: Warum können wir den himmlischen Klang nicht hören? Wie können wir wissen, ob es überhaupt jemanden gibt, der ihn je gehört hat? Pythagoras war solchen Querulanten durchaus gewachsen: Wir hören die Sphärenklänge nicht mehr, weil wir sie seit unserer Geburt vernehmen und sie fälschlicherweise für Stille halten.

Als Beispiel nennt Pythagoras den Schmied, der das ständige Hämmern von Metall auf Metall auch nicht mehr hört. (Wollte er damit andeuten, daß die Sphärenharmonien Ähnlichkeit mit dem ohrenbetäubenden Gedröhn eines Hammers auf den Amboß haben?)

Wie konnte Pythagoras sich so sicher sein? Wenn wir seinen Zeitgenossen glauben dürfen, erreichte Pythagoras Zustände mystisch-mathematischer Erleuchtung, in denen er manchmal die Sphärenklänge vernahm. Spätere Pythagoreer behaupteten, sie beständen aus »glückselig machenden Harmonien«, klängen also nicht wie Wagners Amboßchor oder ein Jazzschlagzeug. (Wie auch immer, besonders überzeugend klingt das nicht.)

Man könnte alles als schöne dichterische Phantasie abtun, wenn Pythagoras nicht den Verstand eines Mathematikers besessen und seine Analyse einige erstaunliche Ergebnisse hervorgebracht hätte. Um die Sphärenklänge zu erzeugen, mußten sich die Planeten mit unterschiedlicher Geschwindigkeit drehen. Die schnellsten brachten die höchsten Töne der Oktave zustande, die tiefsten Klänge rührten natürlich von den langsamen Planeten her, die der Erde am nächsten seien.

Pythagoras' Vorstellungen von Schönheit sind unserer Idee von mathematischer Einfachheit ähnlich. Für ihn waren die Kugel der schönste Körper und der Kreis die schönste Form. Die schönen Sphärenklänge wurden also von kugelförmigen Planeten, die sich in Kreisbahnen um die Erde bewegten, hervorgerufen. Aus diesen Beobachtungen und mathematischen Annahmen berechnete Pythagoras eine Ordnung der Planeten. In zunehmender Entfernung von der Erde folgten auf den Mond Merkur, Venus, Sonne, Mars, Jupiter, Saturn. Damit stellte Pythagoras die erste bekannte Theorie des Sonnensystems auf. Angesichts der Lehren seiner Zeit und der Tatsache, daß er über keine Instrumente verfügte, war dies eine bemerkenswerte Leistung. Seine Theorie enthielt die Annahme, daß die Erde eine sich drehende Kugel ist, die im Raum schwebt. Diesen Gedanken hatte noch niemand vor ihm geäußert. Der Beitrag von Pythagoras (oder seinen Anhängern) zur Astronomie ist damit ebenso fundamental wie seine spektakulären mathematischen Entdeckungen.

Gerade die Genauigkeit der pythagoreischen Theorie des Sonnensystems bewirkte, daß andere Forscher schon bald Ungenauigkeiten in ihr entdeckten. Spätere Beobachtungen der Pythagoreer zeigten, daß Venus und Merkur um die Sonne kreisten. Damit begann sich das Bild eines heliozentrischen Planetensystems anzudeuten. Andere Pythagoreer nahmen an, die Erde drehe sich um ein zentrales Feuer. (Sie gingen jedoch nicht soweit, die Sonne damit in Verbindung zu bringen.) Wir Menschen auf der Erde wurden deshalb nicht von dem Feuer verbrannt, weil wir auf der vom Feuer abgewandten Seite lebten. Nach den Pythagoreern war es die

Bewegung der Erde um dieses zentrale Feuer, die den Wechsel von Tag und Nacht erklärte.

Rivalisierende Beobachter hatten erkannt, daß der Mond nur deshalb schien, weil er Licht reflektierte. Um nicht im Konkurrenzkampf übertroffen zu werden, zogen die Pythagoreer nach und behaupteten, auch die Sonne schiene nur, weil sie Licht reflektiere. Außerdem würde sie auch die Hitze jenes zentralen Feuers auf uns abgeben.

Wie wir sehen, lagen damit alle Bestandteile für eine heliozentrische Erklärung des Planetensystems bereit. Sie mußten nur noch an die richtige Stelle gerückt werden. Doch keinem der Pythagoreer gelang es, das Puzzle zu vollenden. Dies glückte erst Aristarchos von Samos um 260 v. Chr., also an die 18 Jahrhunderte vor Kopernikus. Kopernikus hebt in seinem Werk allerdings hervor, daß er seine Idee nicht Aristarchos verdanke, sondern daß ihn die Behauptung der Pythagoreer inspiriert habe, die Erde bewege sich um ein zentrales Feuer.

Die Entdeckung, daß den Harmonien bestimmte Zahlenverhältnisse entsprechen, und der Glaube, daß diese auch die Himmel regierten, führte Pythagoras zu einer Schlußfolgerung, deren Nachwirkungen bis auf den heutigen Tag spürbar sind. Schon vorher war ihm der Gedanke gekommen, man könne alles auf geometrische Körper reduzieren, deren Proportionen und Eigenschaften von Zahlenverhältnissen bestimmt werden. Er kombinierte nun seine beiden Erkenntnisse und schloß, daß alles auf Zahlen beruhe.

Für uns ist das so selbstverständlich, daß es uns schwerfällt, uns eine Welt vorzustellen, in der das nicht der Fall wäre. Unser ganzer Glaube an die Wissenschaft beruht darauf, daß alles irgendwie meßbar oder berechenbar ist. Doch Pythagoras geht noch einen Schritt weiter. Er kam zum Schluß »alles ist Zahl«. Geradeso wie Thales folgerte, die Welt müsse aus Wasser entstanden sein, schloß Pythagoras nun, daß sie aus Zahlen bestehe. Und diese Erkenntnis machte er zum grundlegenden Prinzip seiner Philosophie.

Aber was genau meinte Pythagoras, als er sagte, alles sei Zahl? Seine Vorstellungen von »Zahl« waren ziemlich komplex. Die Eins stellte er sich als Punkt vor; Zwei war eine Linie; Drei eine Ebene und Vier ein Körper. Als Diagramm sieht das folgendermaßen aus:

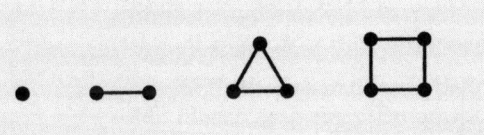

Zahlen waren also Formen, aus denen die Welt besteht. Dieser Gedanke geistert bis auf den heutigen Tag durch die Mathematik, etwa in unserer Vorstellung von Quadrat- und Kubikzahlen, von den drei Dimensionen usw.

Leider ging Pythagoras einen Schritt zu weit, als er an diesem Punkt seines Denkens angelangt war. Seine Zahlenfaszination und sein Glaube, daß die Welt aus ihnen bestehe, verführten ihn dazu, mehr als nur eine Philosophie auf ihnen aufzubauen. Von der Großartigkeit seiner Entdeckungen überwältigt, gelangte er zu der Auffassung, daß Zahlen die Antwort auf schlichtweg *alles* seien. Er gründete folglich auch eine auf Zahlen basierende Religion und erkor sich selbst zu deren Propheten.

Bei seiner Ankunft in Kroton verstand Pythagoras sich noch als Lehrer, doch seine Verwandlung zu einem religiösen Führer muß schon bald danach erfolgt sein. Seine Mathematik- und Philosophieschüler verwandelten sich auf diese Weise in Jünger, und alles, was ihnen beigebracht wurde, nahm die Aura des Religiösen an. »Alles ist Zahl« wurde zur theologischen und naturwissenschaftlichen Weltformel.

Pythagoras glaubte, daß die Fähigkeit, Schweigen zu bewahren, der erste Schritt zur Erkenntnis sei. (Eine nicht in allen Fällen kluge Verhaltensregel für einen Lehrer, gleichgültig welchen Faches.) Seine Anhänger wurden nach zwei Gruppen unterschieden. Die Anfänger, bekannt als »Zuhörer«, durften nicht sprechen. Von ihnen erwartete man, daß sie sich ihrem Namen getreu verhielten und alles auswendig lernten, was der Meister von sich gab. Die Angehörigen der älteren Gruppe waren als die »Mathematiker« bekannt. Ihnen war es gestattet, Fragen zu stellen und bei Gelegenheit selbst eine eigene Meinung zu äußern. Sie durften auch selbständig forschen und machten etliche mathematische Entdeckungen, die jedoch immer dem Meister zugeschrieben wurden. Wie bereits erwähnt wurde, ist es vor allem deshalb so schwierig festzustellen, was genau Pythagoras selbst entdeckte.

Pythagoras' Zahlenphilosophie ist verständlich und hat eine gewisse Berechtigung. Für seine Zahlenreligion gilt das nur begrenzt. Zahlen teilte er in männliche (ungerade) und weibliche (gerade). Diese Prämisse brachte ihn jedoch in gewisse Schwierigkeiten. Eins konnte nicht die erste Zahl sein, weil Eins eigentlich gar keine Zahl war, sondern der ungeteilte Urstoff, der sich dem Begriff von Teilung, Zahl und Mathematik widersetzte. Andererseits konnte unmöglich Zwei die erste Zahl sein, weil sie weiblich war. Gott bewahre! Also beschloß Pythagoras, die erste *wahre* Zahl sei die Drei, aus dem genialen Grund, daß sie die erste vollständige Zahl sei, da sie einen Anfang, eine Mitte und ein Ende habe. (Man vergleiche diesen Gedanken mit seiner Vorstellung, Eins sei ein Punkt, Zwei eine Linie und Drei eine Ebene, und man sieht, wie weit er vom Weg abkam.) Später versuchten die Pythagoreer, die Sache dadurch zu retten, daß sie die Drei deshalb zur ersten wirklichen Zahl erhoben, weil sie die erste sei, die durch Multiplikation stärker zunimmt als durch Addition: 3×3 ist größer als $3 + 3$. Diese Begründung beruht wenigstens auf einer mathematischen Eigenschaft und ist nicht reine Spinnerei.

Pythagoras' Zahlenmärchen wuchsen sich rasch zu allerlei Hokuspokus aus. Die Fünf stand für Heirat, weil sie die Summe der ersten weiblichen Zahl, Zwei, und der ersten männlichen Zahl, Drei, war. (Wir sehen, daß deduktives Denken in der Zahlenreligion keine Rolle spielt. Wenn Drei die erste Zahl überhaupt ist, wie kann dann die Zwei die erste weibliche Zahl sein? Die stummen Zuhörer durften solche Fragen nicht stellen, und die Mathematiker hatten wahrscheinlich ihre Gründe, den Mund zu halten, wenn der Meister dergleichen von sich gab.) Die Fünf war aber auch der Natur zugeordnet, weil sie bei Multiplikationen mit sich selbst eine Zahl ergibt, die mit sich selbst endet. Die Pythagoreer entdeckten, daß auch die Sechs diese Eigenschaft hat. Heute heißen diese Zahlen automorphe Zahlen. Die beiden nächsten automorphen Zahlen, 25 und 76, mögen den Pythagoreern ebenfalls bekannt gewesen sein. Ganz ohne Erfolg blieb die pythagoreische Faszination für Zahlen also nicht. So mag ihre Jagd nach versteckten metaphysischen Bedeutungen fehlgeleitet gewesen sein, doch half sie viele mathematische Eigenschaften aufzudecken.

Offensichtlicher Nonsens mußte also nicht zwangsläufig weiteren Nonsens zur Folge haben. Umgekehrt galt dies aber auch für seine klügsten Einsichten. So dürfte Pythagoras' brillante astronomische Arbeit seiner berüchtigtsten Lehre überhaupt zugrunde gelegen haben, der Lehre von der Seelenwanderung. Sie war neben dem Glauben, daß alles Zahl sei, ein Dogma der pythagoreischen Religion. Jeder Jünger war gehalten, daran zu glauben, daß seine Seele in einem vorherigen Leben einen anderen Körper bewohnt habe.

Wie bereits erwähnt, wurde Pythagoras durch seinen Lehrer Pherekydes mit diesem Gedanken vertraut gemacht. Während seiner Reisen durch Ägypten und Babylonien hat der Gedanke in ihm wohl geschlummert, dürfte in jenen exotischen Gefilden jedoch durchaus auch einige Verfeinerung erfahren haben.

Ironischerweise waren es gerade seine astronomischen Entdeckungen, die aus der Vorstellung der Seelenwanderung eine fixe Idee werden ließen. Pythagoras' Himmelsbeobachtungen führten ihn zu der Annahme, daß sich die Himmelskörper kreisförmig bewegen. Wenn das zutraf, würde jeder Himmelskörper irgendwann an den Ort zurückkehren, von dem er aufgebrochen war. Daraus schloß Pythagoras, daß es einen Kreis der Kreise geben mußte, ein »Großjahr«. War dieses vollendet, kehrten alle Himmelskörper auf ihre Ausgangspositionen zurück. Daraus schloß er, daß alles, was einst in der Welt geschehen war, in der gleichen Abfolge und auf die gleiche Weise wieder geschehen würde, und daß es für immer so weiterginge, in »ewiger Wiederkehr«. (Dieser Gedanke tauchte 2500 Jahre später bei einem anderen großen Philosophen auf, der seine letzten Lebensjahre in geistiger Umnachtung verbrachte: Friedrich Nietzsche.)

Pythagoras galt die Bewegung der Planeten als Beweis für seine Vorstellungen von einem »Großjahr« und seine Ableitung einer »ewigen Wiederkehr«. Von hier war es nur noch ein kleiner Sprung zu einer weniger beweisbaren Vorstellung: der Seelenwanderung. Doch die

Hinweise darauf seien vorhanden, so glaubte zumindest Pythagoras.

Die Überzeugung, daß alle Seelen ein früheres Leben in einem anderen Körper geführt hatten, wurde zur sittlichen Basis seiner Religion. Nur bei guter Führung konnte die Seele die Leiter emporsteigen. Ein Leben als tugendhaftes Gemüse würde mit einer Kaninchenexistenz belohnt und so weiter. Am Ende der Skala stand der Heilige, der es seiner Seele durch höchste Moralität ermöglichte, aus dem Kreislauf von Geburt und Tod zu entkommen. Der Körper wurde als Grab der Seele gesehen; Spuren dieser Auffassung lassen sich bis auf den heutigen Tag in vielen Religionen nachweisen.

Der Glaube an die Seelenwanderung hatte jedoch auch praktische Auswirkungen. Pythagoras und seine Anhänger glaubten daran, daß alle Lebewesen verwandt seien. Sie hatten deshalb Achtung vor den Mitmenschen und Tieren und verzichteten auf den Genuß von Fleisch. Wie später der heilige Franziskus soll Pythagoras den Tieren gepredigt haben. (Man weiß, daß einige Legenden um den heiligen Franziskus älter sind als dieser. Sie könnten aus heidnischen Erzählungen über Heilige nach der Art des Pythagoras abgeleitet sein.)

Doch Gespräche mit Vögeln waren nicht die einzige Verschrobenheit des Pythagoras. Seine Religion schrieb wahrlich merkwürdige Praktiken vor. Jeder, der ihr beitrat, mußte zahlreichen Vorschriften gehorchen, die vom Meister persönlich aufgezeichnet worden waren. Wie in den meisten Religionen handelte es sich dabei um einen Katalog von Verboten. Dazu gehörten etwa der Verzehr von Bohnen oder das Verbot, als erster einen Laib Brot anzuschneiden, Schwalben im Dach nisten zu lassen, bei Fackelschein in einen Spiegel zu schauen und, vor allem, den eigenen Hund zu essen. Beim morgendlichen Aufstehen mußte man Sorge tragen, daß die Form des Körpers aus dem Laken geglättet wurde, und wenn man einen Topf vom Feuer nahm, mußte man die Asche ebnen, um keinen Abdruck zu hinterlassen – um nur einige wenige Regeln zu nennen.

Wie konnte solch eindeutiger Aberglaube Seite an Seite mit einem Verstand existieren, der zu brillanten mathematischen Erkenntnissen fähig war? Für uns, die wir an Vernunft und Wissenschaft glauben, ist es leicht, solch eine Frage zu stellen. Zu Pythagoras' Lebzeiten war die geistige Landschaft jedoch eine völlig andere. In vielerlei Hinsicht machte er seine mathematischen Entdeckungen *trotz* des geistigen Klimas seiner Zeit. Zahlen mußten ihren Zauberpanzer noch ablegen, und die Zahlenlehre hatte eine sehr viel umfassendere Bedeutung als die Mathematik. (Für uns mag es unglaublich klingen, aber einige Menschen waren sogar davon überzeugt, daß das Geburtsdatum den Charakter bestimme!)

Zugegeben, man hatte begonnen, philosophische Fragen zu stellen, und machte dabei erstaunliche Fortschritte. (Kaum 250 Jahre nach Thales wurde Platon geboren, unbestreitbar einer der größten Philosophen aller Zeiten.) Mit der Geburt der Philosophie war es möglich, unabhängig von Religion und Aberglauben

Fragen über das Leben und die Welt zu stellen. Doch neben dem klaren, aber gerade erst entstehenden Blickwinkel der Philosophie umgab jeden Baum, jede Bewegung der Himmelskörper oder jeden Vogelflug, jede Zahl und jedes Zufallsereignis noch immer eine verschwommene Aura des Omens, des bedeutsamen Zeichens. So gesehen war Pythagoras' Lehre ein Rückschritt in die vorphilosophische Zeit. Denn er versuchte, die Mathematik und die Philosophie, die sich aus der Umklammerung durch die Religion befreit hatten, wieder in sie zu integrieren.

Berücksichtigt man diesen Zusammenhang, dann erscheinen einem Pythagoras' religiöse Vorstellungen nicht ganz so verrückt. Viele davon muß er auf seinen Reisen kennengelernt haben. Nehmen wir sein Verbot, Bohnen zu essen. Als Grund gab er an, daß Bohnen unter günstigen Umständen menschliche Gestalt annehmen. (Man erinnere sich an den Dunghaufen, die 40 Tage und das neue Grab.) Sein Verbot beruhte jedoch wahrscheinlich auf einem viel offensichtlicheren Grund: wer Bohnen ißt, bekommt leicht Blähungen. Diese erfüllten die Menschen in jenen Zeiten mit Entsetzen. Ihre Angst lag in dem Glauben begründet, daß jedem Lebewesen nur eine bestimmte Menge Atem gegeben sei. Dieser Überzeugung hing man einst von China bis in den Nahen Osten an. Blähungen waren nicht nur für die Umgebung unerfreulich, sie waren auch für den Betroffenen höchst unangenehm, da er einen Teil seiner Lebenskraft verlor. Ähnliche Überzeugungen lassen sich für andere exzentrische Verhaltensweisen der Pythagoreer heranziehen. Man glättete sein Laken, damit niemand einen bösen Zauber über die Form des Körpers werfen konnte, der dann den wirklichen Körper beeinflussen würde – ein Aberglaube, der in Afrika noch immer weitverbreitet ist. Andere kuriose pythagoreische Vorschriften wie etwa, daß man im Dunklen nicht in erhellte Spiegel schauen dürfe, haben ihren Ursprung mit ziemlicher Sicherheit in jenen griechischen Geheimkulten, die als Mysterien bekannt sind und bis auf den heutigen Tag so geheimnisvoll geblieben sind wie damals. Andererseits scheinen einige der Regeln auch schlichtweg Unsinn gewesen zu sein und auf die Zeitgenossen nicht anders als auf uns gewirkt zu haben. Anaximenes, Heraklit und Aristoteles waren jedenfalls dieser Auffassung, und sie waren bei weitem nicht die einzigen. Man kann dem gereizten Diktum Hegels durchaus Sympathie entgegenbringen, wenn er die pythagoreische Religion als das geheimnisvolle Produkt seichter und dunkler Gemüter verurteilt.

Wie die dionysischen Orgien der Mysterien sind auch die mathematischen Praktiken der Pythagoreer ein Geheimnis. (Wenngleich wir mit Sicherheit davon ausgehen können, daß keine mathematischen Orgien gefeiert wurden.) Abgesehen von den Heiterkeit erregenden Ordensregeln und den vielen wichtigen mathematischen Entdeckungen bleibt vieles umstritten. Die Pythagoreer scheinen eine Art mystisch-mathematisch-ethisch-diätische Bruderschaft gewesen zu sein. Sie teilten sich den

Besitz und lebten in Gemeinschaftsquartieren. Klassen-unterschiede kannte man nicht, und selbst die Sklaven wurden wie Freie behandelt. Diese Toleranz erstreckte sich sogar auf Frauen. (Aufmüpfige Männer, denen es schwerfiel, sich mit diesem unerhörten Sachverhalt ab-zufinden, wurden daran erinnert, daß ihre Seele in ei-nem früheren Leben den Körper einer Frau bewohnt haben oder in einem zukünftigen zu einem solchen Schicksal verurteilt sein könnte.)

Erstaunlicherweise hatten diese revolutionären, egalitä-ren Lebensformen zumindest anfänglich keine politi-schen Konsequenzen. Die aristokratischen Herrscher der griechischen Kolonien in Süditalien schenkten den Pythagoreern ihr Wohlwollen, und die pythagoreische Bewegung zog bald zahlreiche Anhänger an. In allen größeren Städten am Golf von Tarent und in der wei-teren Umgebung entstanden Gemeinschaftshäuser. Die Herrscher der griechischen Städte sahen in den Gemeinden der Pythagoreer ein Bollwerk gegen die sich ausbreitenden demokratischen Ideen. Das legt nahe, daß die pythagoreischen Orden nicht so populi-stisch gewesen sein können, wie sie uns heute erschei-nen. Es ist anzunehmen, daß man bei der Auswahl der Mitglieder nach elitären Gesichtspunkten vorging: Auf-genommen wurden Seelenverwandte aus gebildeten Schichten mit ihren vertrauenswürdigen Sklaven. Der Pythagoreismus mag Elemente eines ethischen Kreuz-zuges enthalten haben, seine Ordenshäuser ähnel-ten aber wahrscheinlich eher höheren Bildungsanstalten – eine Mischung aus ethischen und intellektuellen Zielen, die in jenen Tagen nicht ungewöhnlicher war als heute.

Ihre Überzeugung, daß alles Zahl sei, ließ die Pythagoreer an eine letztlich mathematische Harmonie des Universums glauben. Die musikalischen Harmonien und die Sphärenklänge waren nur Einzelaspekte, zu denen auch die geometrischen Formen, vor allem die harmonische Natur der regelmäßigen Festkörper gehörten. Zu Pythagoras' Lebzeiten kannte man nur vier regelmäßige Körper: Tetraeder, Würfel, Oktaeder und Dodekaeder. Man glaubte, diese vier regelmäßigen Körper entsprächen den vier Elementen der Welt. (Eisenpyrit in Form von Dodekaedern wurde in Italien gefunden, und die Etrusker hatten im 10. Jahrhundert v. Chr. Steine verehrt, die in dieser Form behauen worden waren.) Die Ägypter kannten drei regelmäßige Körper und übernahmen diese Formen sogar für ihre Gebäude und Monumente; das Dodekaeder war ihnen nicht bekannt. Es blieb jedoch den Pythagoreern vorenthalten, die geometrischen Verfahren zu entdecken, mit denen man die vier Körper konstruieren konnte.

Das Dodekaeder, ein kugelähnlicher Körper aus zwölf regelmäßigen Fünfecken, entsprach im Glauben der Pythagoreer dem Universum. Man verehrte es daher besonders ehrfürchtig. Die Gemeinschaft der Pythagoreer war sehr geheimnistuerisch, was ihre mathematischen Kenntnisse betraf, und das Dodekaeder war eines ihrer größten Geheimnisse. Ein Ordensmitglied wurde sogar gesteinigt und in einer Abwassergrube ersäuft, als herauskam, daß es einem Außenstehenden das Geheimnis des Dodekaeders verraten hatte. (Übrigens der erste überlieferte Tod wegen unerlaubter Weitergabe mathematischen Datenmaterials. Ihren vorläufigen Höhepunkt erreichte diese unheilvolle Tradition in der zweiten Hälfte des 20. Jahrhunderts während des Kalten Krieges.)

Die besondere Bedeutung des Dodekaeders leitete sich aus der Tatsache ab, daß es aus regelmäßigen Fünfecken besteht. Das Fünfeck und das Pentagramm, der regelmäßige fünfzackige Stern, der in sein Inneres paßt, waren schon den Babyloniern bekannt. Sie hatten die außergewöhnlichen Eigenschaften dieser Figuren entdeckt.

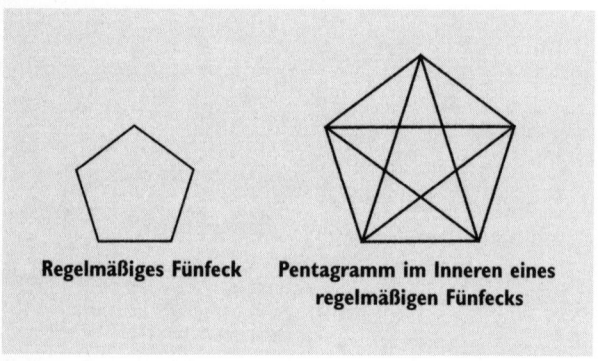

Regelmäßiges Fünfeck   **Pentagramm im Inneren eines regelmäßigen Fünfecks**

Für die Babylonier war das Pentagramm ein Symbol der körperlichen und geistigen Gesundheit. Seine Eigenschaften verknüpften es mit dem später so bezeichneten

Goldenen Schnitt. Das Verhältnis des Goldenen Schnitts besagt, daß der kurze Teil einer Strecke im gleichen Verhältnis zum langen Streckenabschnitt stehen muß wie letzterer zur Gesamtlänge.

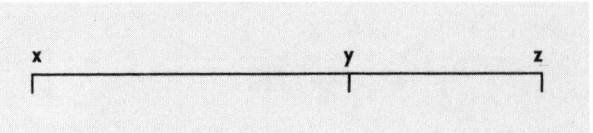

In der obigen Abbildung ist das Verhältnis YZ zu YX dasselbe wie XY zu XZ. Dieses Verhältnis, das die Einzelteile und das Ganze zueinander in Beziehung setzt, hatte für die Babylonier eine immense symbolische Bedeutung. Es enthielt das Geheimnis, wie die Welt zusammengesetzt war, wie ihre Teile zueinander paßten, wie sich die Teile zueinander und die Summe der Teile zum Ganzen verhielten, wie der einzelne Mensch zur Menschheit und wie die Menschheit zur Welt standen – und viele weitere symbolische Beziehungen. Dem Goldenen Schnitt, der höchsten Harmonie, wurde aus diesem Grund mystische Verehrung entgegengebracht. Als man entdeckte, daß das Pentagramm nach dem Goldenen Schnitt gebildet war, erhielt es ebenfalls mystischen Status.

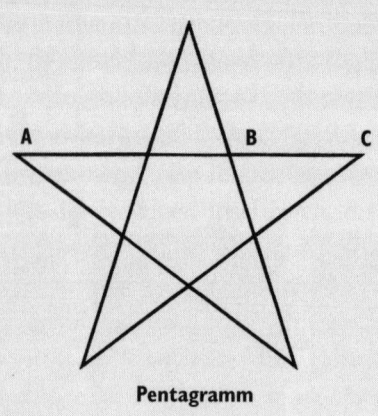

Pentagramm

Im abgebildeten Pentagramm entspricht das Verhältnis AB zu BC dem Goldenen Schnitt. Desgleichen das Verhältnis AC zu AB. Da die Figur regelmäßig ist, trifft das für alle Linien der Figur zu. Infolge dieser Proportionen hat das Pentagramm durch alle Zeiten hindurch eine außerordentliche, geheimnisvolle Bedeutung. Bis auf den heutigen Tag erscheint es auf allen Flaggen mit dem muslimischen Halbmond und Stern sowie auf zahlreichen weiteren Flaggen von Burkina Faso bis West-Samoa, von China zu den USA. Die Pythagoreer gehörten zu den ersten, die das Pentagramm als Erkennungszeichen einsetzten. Für sie war es ein geheimes Zeichen, mehr nach Art des freimaurerischen Handschlags. Heute ist für fast alle, die es als Symbol benutzen, nur noch die Bedeutung des Pentagramms ein Geheimnis.

Auch ihr Wissen über die irrationalen Zahlen versuchten die Pythagoreer so gut wie irgend möglich für sich zu behalten. Die Entdeckung war ein gewaltiger Schlag für sie. Sie bedeutete schlichtweg, daß ihre Annahme, das Gebäude der Mathematik ruhe auf rationalen Zahlen, falsch war. Die Pythagoreer verkrafteten diese vernichtende Entdeckung nie, vielleicht versuchten sie deshalb, sie geheimzuhalten. Der berühmte Pythagoreer Hippasos von Metapontion soll bei einem Schiffbruch umgekommen sein, nachdem seine Ordensbrüder den göttlichen Zorn herbeigerufen hatten. Angeblich hatte er das Geheimnis der irrationalen Zahlen verraten.

(Manche Historiker vermuten, daß es sich bei der Geschichte vom Tod des Hippasos und dem Mord an jenem Pythagoreer, der das Geheimnis des Dodekaeders verriet, um verschiedene Legenden handelt, die sich um dasselbe Ereignis ranken. Alles, was wir über Pythagoras und die Pythagoreer wissen, stammt aus zahlreichen klassischen Quellen, deren Zuverlässigkeit häufig nicht verifizierbar ist, so daß wir nur die fragmentarischen Hinweise wiedergeben können, die uns zur Verfügung stehen. Aus diesen gewinnt man jedoch einen allgemeinen Überblick, weshalb ich hier beide Überlieferungen erwähne.)

Andererseits gingen die Pythagoreer nicht immer so unfreundlich miteinander um. Pythagoras soll beispielsweise ein großes Fest mit seinen Jüngern gefeiert haben, als er seinen Satz entdeckte. Bei dieser Gelegenheit habe man, so wird berichtet, einen am Spieß gebra-

tenen Ochsen verspeist – was diesem streng vegetari-
schen Orden eine phantasievolle Rechtfertigung abver-
langt haben dürfte.

Wenn man seinen Schülern glauben darf, zeigte Pythagoras häufig wundersame Kräfte. Eines Tages beobach-
tete er, wie ein kleiner Hund von seinem Besitzer ausge-
peitscht wurde. Sofort befahl er dem Mann aufzuhören.
In dem Hunde lebe nämlich die Seele eines verstorbe-
nen Freundes, dessen Stimme er im Winseln des Tieres
wiedererkannt habe. Doch scheint Pythagoras zu Tieren nicht immer so freundlich gewesen zu sein. Als ihn
eine Giftschlange biß, biß er sie sofort selbst tot. Bei
einer anderen wundersamen Begebenheit soll er in zwei
Städten gleichzeitig erschienen sein, ein weiteres Mal
soll er glücklosen Fischern befohlen haben, ihre Netze
noch einmal auszuwerfen, woraufhin sie einen enor-
men Fang taten. All diese Geschichten gehören in das
Reich der Legende, doch hinter ihren Wundern verbirgt
sich eine Methode. Die Legenden um Pythagoras fanden besonders in den ersten Jahrhunderten nach Christi Geburt große Verbreitung, als der pythagoreische
Glaube für eine kurze Zeit mit dem Christentum kon-
kurrierte, einer anderen vom römischen Imperium be-
kämpften Religion. Einige der Pythagoras zugeschrie-
benen Wunder ähneln auf merkwürdige Weise denen,
die von Christus berichtet werden.

Pythagoras war ein Religionsstifter, dessen Religion sich
jedoch von den anderen griechischen Religionen jener
Zeit unterschied. Ihre soziale Struktur, ihr impliziter

ethischer Anspruch, ihre Verschwiegenheit und ihre zunehmende Verbreitung zwangen ihr eine politische Rolle auf, auch wenn ihre Lehre keine konkrete politische Handlungsanweisung enthielt. (Für uns jedenfalls ist Demokratie ein wenig mehr als »alles ist Zahl«.)

Die pythagoreische Religion regelte zwar das Verhalten ihrer Mitglieder, die Vorschriften waren jedoch mehr religiöser denn politischer Natur. Politisch hätte sie nur für einen religiösen Lebensstil eintreten können – oder eine »Herrschaft der Heiligen«. (Ein häufiger Fehler, der bei zahlreichen fundamentalistischen Religionen, die an die Macht gelangt sind, vom Amerika der Pilgerväter bis zum Nahen Osten der Gegenwart, zu beobachten ist.) Eines Tages sahen die aristokratischen Herrscher Süditaliens im Pythagoreismus nicht länger ein Bollwerk gegen die Demokratie, sondern eine revolutionäre Gefahr. Selbst diejenigen, die sich für demokratische Reformen stark machten, wollten nicht gezwungen werden, auch ihre Moral zu verbessern. Geschickt wußten die süditalienischen Herrscher Stimmung gegen die Pythagoreer zu schüren. Schließlich mußte Pythagoras mit seinen Anhängern Kroton verlassen.

Ihre Flucht ereignete sich um 500 v. Chr.; Pythagoras muß sich also etwa 30 Jahre in Kroton aufgehalten haben. Zu jener Zeit soll er etwa 300 Jünger gehabt haben, die wohl in mehreren Gemeinschaftshäusern wohnten. Vermutlich mußte auch der ein oder andere von ihnen seinen Lebensunterhalt verdienen, und sei es nur, um sich und diejenigen, die für eine solche Aufgabe zu heilig waren, zu unterstützen. Diese ökonomischen Stützen der Gemeinde waren mathematisch gebildete Männer, weshalb sie wahrscheinlich ein öffentliches Amt bekleideten (oder zumindest die Bücher führten). Dies könnte erklären, warum der Geheimbund als Bedrohung empfunden wurde. Einigen Quellen ist sogar zu entnehmen, Pythagoras sei für eine lokale Währungsreform zuständig gewesen. Man weiß, daß die Münzen Krotons sowohl nach Stil und Herstellung allen anderen der Region weit überlegen waren. Die Tatsache, daß Pythagoras' Vater Graveur war, macht die Vermutung, daß Pythagoras etwas mit der Münzprägung zu tun gehabt haben könnte, glaubwürdig. Zahlreiche Forscher halten die Überlieferung für wahr. Das zeigt zweierlei. Erstens hatte Pythagoras ein wichtiges öffentliches Amt in Kroton inne und nutzte Fertigkeiten, die er in Samos erworben hatte. Zweitens wurden seine weit gefächerten Geistesgaben durch praktische Fertigkeiten ergänzt. Doch trifft die Vermutung wohl zu, daß ihn seine diplomatischen Fähigkeiten im Umgang mit denjenigen, die das Sagen hatten, im Stich gelassen haben.

Ziemlich rasch nach der Vertreibung aus Kroton ließ sich Pythagoras mit seinen Jüngern in Metapontion nieder, einer griechischen Stadtkolonie am Absatz des italienischen Stiefels. Pythagoras hatte inzwischen das ehrwürdige Alter von über 60 Jahren erreicht. Die durchschnittliche Lebenserwartung lag in jener Zeit um 35 Jahre. Doch die Jahre der Bohnen-Abstinenz forderten offenbar ihren Tribut, denn Pythagoras starb, kurz nachdem er nach Metapontion gezogen war. Eine Quelle berichtet, er sei verbrannt, als Gegner der Pythagoreer das Gemeinschaftshaus, in dem er lebte, in Brand steckten.

Wie alles im Leben des Pythagoras ist auch diese Überlieferung nicht gesichert. In neuerer Zeit werden sogar Stimmen laut, die behaupten, Pythagoras habe überhaupt nicht gelebt, so wie Jesus Christus nicht existiert habe und William Shakespeare in Wirklichkeit Francis Bacon gewesen sei. Diese Position kann man allerdings nur dann vertreten, wenn die Überlieferung wenig gesichert ist. Bei Pythagoras deuten die Hinweise jedoch auf eine historische Existenz. Und wie bei Christus und Shakespeare gibt es auch bei Pythagoras noch immer das Werk. Ob es nun von ihm persönlich oder von seinen Anhängern stammt, es ist vorhanden. Der berühmte Satz, die Einführung des Beweises in die Mathematik, die Entdeckung der irrationalen Zahlen, von der pythagoreischen Religion ganz zu schweigen – all dies ist einfach nicht zu leugnen. Und es sind diese Werke, nach denen Pythagoras – ob Mann, Mehrfaches oder Mirakel – beurteilt wird.

Köpfe

Auch nach dem Tod seines Gründers wuchs der Bund der Pythagoreer in Süditalien weiter. Vor allem der führende Pythagoreer, Hippasos von Metapontion, soll in dieser Zeit (im frühen 5. Jahrhundert v. Chr.) Großes geleistet haben. Mehrere Quellen schreiben ihm mathematische Entdeckungen zu, die gewöhnlich Pythagoras zugeordnet werden. So soll er die Verhältnisse der musikalischen Harmonien entdeckt haben (siehe S. 40). Andere Quellen behaupten, er habe die irrationalen Zahlen entdeckt (die er besser für sich behalten hätte, bevor er auf seine – letzte – Schiffsreise ging).

450 v. Chr. führte die Begeisterung für die Demokratie zu Wirren und Aufruhr in ganz Magna Graecia. Die Pythagoreer waren bevorzugte Sündenböcke, und ihre Gemeinschaftshäuser wurden niedergebrannt. Über 50 Pythagoreer sollen bei der Plünderung des »Hauses von Milo« in Kroton umgekommen sein. (Das läßt vermuten, daß die Gemeinschaftshäuser recht groß waren und mehrere Familien beherbergten. Sie könnten wie im Falle Milos der Bewegung von reichen Konvertiten gestiftet worden sein.)

Nach 450 v. Chr. teilte sich die pythagoreische Bewegung in zwei Gruppen. Die eine, die im wesentlichen aus »Zuhörern« bestand, ließ sich in Tarent nieder. Sie befaßte sich hauptsächlich mit religiöser Observanz, achtete also weiterhin darauf, daß keine Schwalben in ihren Dächern nisteten oder niemand das Haustier verspeiste. Die andere Gruppe, die in der Hauptsache aus »Mathematikern« bestand, floh über das Meer zum griechischen Festland. Mit dem Wohnsitzwechsel gab diese Gruppe viele der absonderlichen pythagoreischen Prinzipien auf und orientierte sich strenger an mathematischen Regeln. Der wichtigste Denker in dieser Gruppe war Philolaos, der sich in Theben niederließ. Er soll ein Werk mit dem Titel ›Über die Natur‹ geschrieben haben, das erste umfassende Werk, in dem die Prinzipien, die Philosophie und die Entdeckungen des Pythagoras und seiner Anhänger dargestellt wurden. Platon, heißt es, erstand es für viel Geld, und es soll seine Philosophie nachhaltig beeinflußt haben. (Anstelle der Zahl als letzte Wirklichkeit setzte Platon die ebenfalls abstrakte Vorstellung der Ideen, die sich auf vergleichbare Weise verbinden, um die Alltagswelt um uns herum hervorzurufen.)

Leider machte die Neuigkeit, daß sich Platon für Pythagoras interessierte und dies mit klingender Münze bezahlte, bald die Runde. Rasch erschienen andere Werke über die Ideen der Pythagoreer. Viele waren noch phantasievoller als die Bewegung, die sie angeblich beschrieben. Die Auseinandersetzungen um ihre Echtheit reichen bis in die Gegenwart und tragen dazu bei, daß unser Bild des Pythagoras immer unschärfer wird.

Philolaos kehrte als alter Mann nach Magna Graecia zurück und schloß sich in Tarent erneut der Fraktion der »Zuhörer« an. Er führte das längst überfällige Element mathematischer Strenge in die Gemeinschaft ein und übte großen Einfluß auf seinen Schüler Archytas aus, der später ein enger Freund Platons werden sollte.

Archytas war der letzte – und Größte – unter den frühen Pythagoreern. Er scheint bei allem, was er unternahm, erfolgreich gewesen zu sein. Als brillanter Feldherr führte er das Heer von Tarent zu mehreren bemerkenswerten Siegen. Seine philosophischen Fähigkeiten beeindruckten sogar Platon, der Amateuren, die sich auf seinem Terrain breitmachten, nicht gerade freundlich gesinnt war. Archytas scheint ein technisches Genie gewesen zu sein, denn er erfand eine spezielle Sorte Schrauben, einen frühen Flaschenzug und eine Rassel. (In der Antike waren Rasseln Instrumente, mit denen man sowohl Alarm schlug als auch Kinder ablenkte. Wir gehen davon aus, daß sich Archytas seinen Ruhm nicht als Kinderbetreuer, sondern als Feldherr erwarb.) Er war ein hervorragender Mathematiker und löste das klassische geometrische Rätsel, wie man einen Würfel in der Größe verdoppelt. Er war auch Musiker – ein unbeholfener Dudler, hofft man, zum Heil seiner pythagoreischen Seele.

Nach dem Tod des Archytas um 350 v. Chr. nahm der Pythagoreismus unterschiedliche Ausprägungen an. Eine Weile übernahm er Teile des platonischen Denkens und wurde zum Neo-Pythagoreismus. In den ersten Jahrhunderten nach Christi Geburt wetteiferte er mit dem Christentum, das damals eine Untergrundreligion war. Um das 4. Jahrhundert n. Chr. scheinen die Pythagoreer völlig in den Untergrund gegangen zu sein. Einige Forscher behaupten, die Bewegung sei im Neo-Platonismus aufgegangen, andere vermuten, sie sei zu einer geheimen Ketzerbewegung des Christentums geworden.

Tausend Jahre später wurde der Pythagoreismus zu neuem Leben erweckt. Viele Humanisten der Renaissance sahen in Pythagoras den Vater der exakten Wissenschaft, und diese Ansicht hat durchaus ihre Berechtigung. Kopernikus fühlte sich für seine Idee, daß sich die Erde um die Sonne drehe, dem Pythagoras verpflichtet. Galilei wurde häufig als Pythagoreer bezeichnet, vermutlich eher in der mathematischen Bedeutung des Wortes, denn sein Appetit auf Fleisch und Bohnen war gewaltig. Noch im 18. Jahrhundert wurde Pythagoras von Leibniz bewundert, dessen geistige Schaffenskraft und Exzentrik an Pythagoras erinnert. Der große deutsche Gelehrte (und undiplomatische Diplomat, tölpelhafte Plagiator und gescheiterte Geschäftsmann) sah sich selber in der pythagoreischen Tradition. Und das nicht zu Unrecht. Ein heutiger Forscher verweist darauf, daß Pythagoras' Einfluß andauere, wobei der Meister abwechselnd als dorischer Nationalist, Sportler, Volkspädagoge und Zauberer gelte. Solchen Ritterschlägen zum Trotz steht Pythagoras' Name heute in erster Linie als Erkennungszeichen für mathematische Grundkenntnisse. Wem es nicht gelingt, die Schönheit seines Lehrsatzes zu erkennen, wird es nie zum Mathematiker bringen.

Einige Stichworte zu Pythagoras

Viele pythagoreische Zahlentheorien mischen Mystik mit Mathematik. Pythagoras setzte zwei verschiedene Sorten »vollkommener« Zahlen. Für die erste gab es nur ein einziges Beispiel, die Zehn. Sie war vollkommen, weil auf ihr das Dezimalsystem beruhte. (Das ist natürlich ein Zirkelschluß. Wenn wir unser Zahlensystem auf 60 aufbauten, wie die ersten Babylonier, oder auf die Fünf wie die Römer und die Arawak-Indianer in Südamerika, wären auch diese vollkommen.) Für Pythagoras war die Zehn aber auch deshalb vollkommen, weil sie die ersten vier Zahlen enthält:

$$1 + 2 + 3 + 4 = 10$$

Aus diesem Grund nannte man sie Tetraktys. Man kann sie auch als Pyramide darstellen:

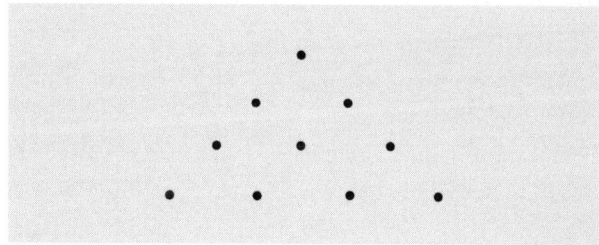

Die Tetraktys und ihre pyramidale Darstellung galten bei den Pythagoreern als heilig; sie schworen sogar bei der Zahl Zehn. (In der Pyramide sind auch alle Zahlenverhältnisse abgebildet, die die musikalischen

Grundharmonien ausmachen: 2:1, 3:2, 4:3, wodurch sie auch mit den Sphärenharmonien verbunden war.)

Der zweite Typ »vollkommener« Zahlen war viel interessanter (und mathematisch ergiebiger). Es handelt sich um solche Zahlen, die gleich der Summe ihrer Teiler sind (einschließlich der Eins, die selbst aber ausgeschlossen ist). Zum Beispiel:

$$6 = 1 + 2 + 3$$
$$28 = 1 + 2 + 4 + 7 + 14$$

Die beiden nächsten vollkommenen Zahlen lauten 496 und 8128. Den Pythagoreern waren sie mit Sicherheit bekannt. Euklids ›Elemente‹ (IX, 36) enthalten eine Formel, wie man vollkommene Zahlen findet. Sie könnte von den Pythagoreern entdeckt worden sein:

Wenn $2^n - 1$ eine Primzahl ist,
so ist $(2^n - 1) \, 2^{n-1}$ eine vollkommene Zahl.

Die vollkommenen Zahlen führten Pythagoras zur Entdeckung der »befreundeten« Zahlen. Das sind Zahlenpaare, bei denen jede der Summe der Faktoren der anderen entspricht.

Die kleinsten »befreundeten« Zahlen sind 220 und 284:

220 ist durch 1, 2, 4, 5, 10, 11, 22, 44, 55 und 110 teilbar.
Die Teiler ergeben addiert 284.
284 kann durch 1, 2, 4, 71 und 142 geteilt werden.
Die Teiler ergeben addiert 220.

(Es heißt, daß sich schon in der Bibel Hinweise auf befreundete Zahlen finden, etwa wenn Jakob Esau 220 Silbermünzen gibt.)

Die Pythagoreer kannten auch das Zahlendreieck

$$1 = 1^2$$
$$1 + 2 + 1 = 2^2$$
$$1 + 2 + 3 + 2 + 1 = 3^2$$
$$1 + 2 + 3 + 4 + 3 + 2 + 1 = 4^2$$
$$1 + 2 + 3 + 4 + 5 + 4 + 3 + 2 + 1 = 5^2$$

und so weiter …

Pythagoras selbst soll die Formel gefunden haben, mit der man pythagoreische Zahlentripel findet, das heißt solche Zahlen, die der Formel

$$a^2 + b^2 = c^2$$

genügen.

Die Formel für die pythagoreischen Triaden lautet:

$$n^2 + \left(\frac{n^2-1}{2}\right)^2 = \left(\frac{n^2-1}{2}+1\right)^2$$

wobei n eine ungerade Zahl ist. Das Verfahren war bereits den Babyloniern bekannt, Pythagoras könnte es durchaus dort kennengelernt haben. Erst die Griechen entdeckten die Formel.

Euklid gibt in Buch VI, Lehrsatz 31, einen allgemeinen Beweis für den Satz des Pythagoras, der den Pythagoreern bekannt war:

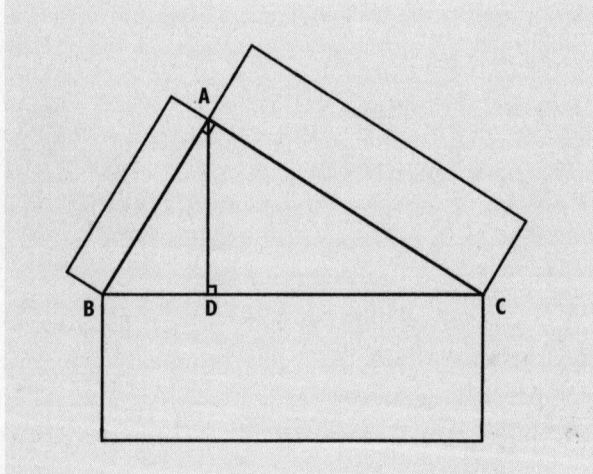

*Im rechtwinkligen Dreieck ist eine (geradlinige) Figur über
der dem rechten Winkel gegenüberliegenden Seite den ähnlichen, über den den rechten Winkel umfassenden Seiten
ähnlich gezeichneten Figuren zusammen gleich.*

A B C sei ein rechtwinkliges Dreieck mit dem rechten
Winkel B A C. Ich behaupte, daß eine Figur über B C
den ähnlichen, über B A, A C ähnlich gezeichneten
Figuren zusammen gleich ist.

Man fälle das Lot A D.

Da man dann im rechtwinkligen Dreieck A B C aus dem
rechten Winkel bei A auf die Grundlinie B C das Lot A D
gefällt hat, sind die Dreiecke am Lot, nämlich A B D,
A D C sowohl dem ganzen $\triangle$ A B C als auch einander
ähnlich (VI, 8). Da A B C ~ A B D, ist C B : B A = AB : BD.
Da hier drei Strecken in Proportion stehen, verhält sich
eine Figur über der ersten zu der ähnlichen, über der
zweiten ähnlich gezeichneten, wie die erste Strecke zur
dritten (VI, 20; V, Def. 9); also verhält sich, wie C B : B D,
so die Figur über C B zu der ähnlichen über B A ähnlich
gezeichneten, und aus demselben Grunde auch, wie
B C : C D, so die Figur über B C zu der über C A. Folglich
verhält sich auch, wie B C : (B D + D C), so die Figur
über B C zu den ähnlichen, über B A, A C ähnlich gezeichneten zusammen (V, 24). Nun ist B C = B D + D C.
Also ist auch die Figur über B C den ähnlichen, über
B A, A C ähnlich gezeichneten Figuren zusammen
gleich. (V, Def. 5)

Der vereinfachte Beweis lautet folgendermaßen:

In der folgenden Figur ist ABX + ACX = ABC, da die drei Dreiecke ähnlich und jeweils über die Grundlinie AB, AC und BC konstruiert sind. Die Flächen der Dreiecke stehen aber in konstantem Verhältnis zu den Flächen der Quadrate auf denselben Grundlinien. Daraus folgt der Satz des Pythagoras.

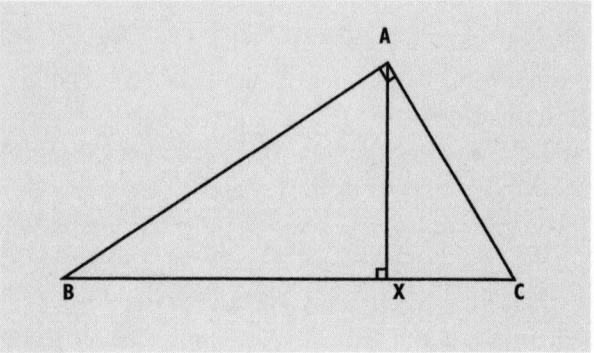

Es gibt einen chinesischen Beweis, der zwischen 500 v. Chr. und Christi Geburt anzusetzen ist. Das bedeutet, daß die Chinesen mit größter Wahrscheinlichkeit den Beweis selbst fanden. Eine vereinfachte Version des chinesischen Beweises ist der schönste von allen:

Ein Quadrat mit der Seitenlänge a + b umschließt ein Quadrat mit der Länge c:

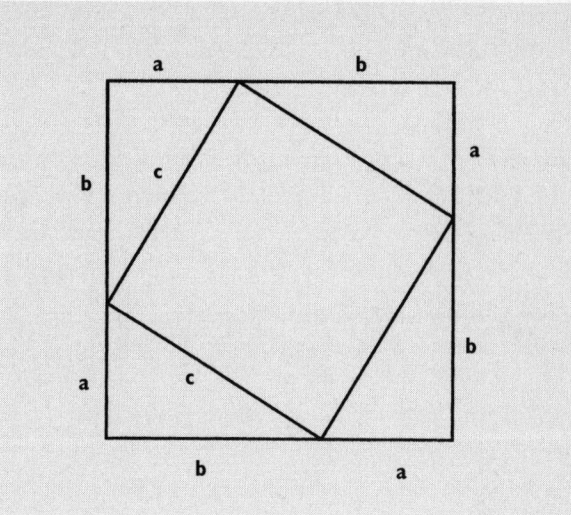

Einfach ausgedrückt erfordert dieser Beweis, daß man
die Gesamtfläche mit den Flächen des inneren Quadrats
und den vier Dreiecken gleichsetzt. Das ergibt die Gleichung:

$$(a+b)^2 = 4(^1/_2\, a\, b) + c^2$$

Daraus folgt:

$$a^2 + 2ab + b^2 = 2ab + c^2$$

Oder vereinfacht:

$$a^2 + b^2 = c^2$$

Heute kennt man fast 400 Beweise für den Satz des Pythagoras, mehr als für jeden anderen mathematischen Satz. Sie stammen von Menschen verschiedenster Berufe und Herkunft. Unter anderem von einem babylonischen Zauberer, von einem 14 Jahre alten durchschnittlich begabten Schüler aus Ohio und vom mathematischen Genie Évariste Galois, der als 21jähriger in einem Duell erschossen wurde. Ein ähnliches Schicksal ereilte einen anderen Mann, der den Satz des Pythagoras bewies: James Abram Garfield, 20. Präsident der Vereinigten Staaten, der 1881 nur drei Monate nach seiner Vereidigung an den Folgen eines Attentats starb.

Ein letzter Hinweis: Der antike Schriftsteller Aulus Gellius gibt eine kluge Erklärung für Pythagoras' Verbot, Bohnen zu verzehren. Gellius zufolge soll Pythagoras gesagt haben: »Ihr elenden Schufte, laßt die Finger von den Bohnen!« Das kann man auch anders als wörtlich verstehen: Bohnen waren ein Euphemismus für Hoden, so daß sich Pythagoras' Verbot in Wirklichkeit auf die Sexualität bezog.
Wie auch immer, Unsinn war es doch.

& Ideen

Zeittafeln

Daten zu Pythagoras und den Pythagoreern

Um 565 v. Chr.	Geburt des Pythagoras
545 v. Chr.	Tod des Philosophen Anaximander, Lehrer des Pythagoras
um 545–535 v. Chr.	Reisen nach Ägypten, Babylonien (und vermutlich auch nach Persien und Indien)
um 530 v. Chr.	Verbannung aus Samos durch den Tyrannen Polykrates
529 v. Chr.	Pythagoras läßt sich in Kroton in Magna Graecia nieder (heute Crotone in Süditalien).
um 500 v. Chr.	Pythagoras und seine Jünger müssen aus Kroton flüchten.
um 490 v. Chr.	Tod des Pythagoras in Metapontion
um 450 v. Chr.	Hippasos der Pythagoreer
450 v. Chr.	Aufstände in Magna Graecia Die Pythagoreer werden in alle Winde verstreut.
um 420 v. Chr.	Philolaos der Pythagoreer läßt sich in Theben auf dem griechischen Festland nieder. Ihm verdanken wir die Mehrzahl unserer Kenntnisse über die pythagoreischen Ideen.
um 400 v. Chr.	Archytas von Tarent, pythagoreischer Philosoph und Mathematiker, Freund Platons
um 25 v. Chr.	Vitruvius, römischer Architekt Erste Quelle, die den Satz des Pythagoras dem Meister persönlich zuschreibt.

Daten aus der griechischen Geschichte

1184 v. Chr.	Belagerung Trojas
776 v. Chr.	Erste olympische Spiele
um 700 v. Chr.	Zeitalter Homers
585 v. Chr.	Sonnenfinsternis, von Thales von Milet, dem ersten Philosophen, vorausgesagt
545 v. Chr.	Das persische Reich erobert Ionien an der ägäischen Küste des heute türkischen Festlandes.
533 v. Chr.	Thespis gewinnt den ersten griechischen Tragödienwettbewerb in Dionysia.
522 v. Chr.	Tod des Polykrates, Tyrann von Samos
490 v. Chr.	Sieg der Griechen über die Perser bei Marathon
490 v. Chr.	Geburt des Herodot, des »Vaters der Geschichte«
462 v. Chr.	Mit Anaxagoras läßt sich der erste Philosoph in Athen nieder.
460 v. Chr.	Beginn des Peloponnesischen Krieges zwischen Sparta und Athen. Geburt des Hippokrates, des Begründers der Medizin, dem wir den hippokratischen Eid verdanken.
447 v. Chr.	Beginn der Arbeiten am Parthenon-Tempel in Athen
429 v. Chr.	Der Tod des Perikles beendet das Goldene Zeitalter für Athen.
427 v. Chr.	Geburt Platons
404 v. Chr.	Sparta besiegt Athen. Ende des Peloponnesischen Krieges
399 v. Chr.	Sokrates wird in Athen zum Tode verurteilt.
356 v. Chr.	Geburt Alexanders des Großen
300 v. Chr.	Aufenthalt Euklids in Alexandrien

Wichtige Daten
der Wissenschaftsgeschichte

vor 500 v. Chr.	Satz des Pythagoras
322 v. Chr.	Tod des Aristoteles
212 v. Chr.	Archimedes in Syrakus erschlagen
47 v. Chr.	Der Brand der Bibliothek von Alexandria führt zu einem unermeßlichen Verlust antiken Wissens.
199 n. Chr.	Tod Galens, des Begründers der Experimentalphysiologie
529 n. Chr.	Die Schließung der Akademie Platons markiert den Beginn des Mittelalters.
1492	Kolumbus entdeckt Amerika.
1540	Kopernikus veröffentlicht sein Werk ›Über die Kreisbewegung der Weltkörper‹.
1628	Harvey entdeckt den Blutkreislauf.
1633	Galilei wird von der Kirche zum Widerruf seiner Theorie vom heliozentrischen System gezwungen.
1687	Newton stellt das Gravitationsgesetz vor.
1821	Faraday entdeckt das Prinzip des Elektromotors.
1855	Tod von Gauss, des »princeps mathematicorum«
1859	Darwin veröffentlicht ›Die Entstehung der Arten durch natürliche Zuchtwahl‹.
1871	Mendelejew veröffentlicht das Periodensystem der Elemente.
1884	Internationale Übereinkunft über den Nullmeridian bei Greenwich

& Ideen

1899	Freud veröffentlicht die ›Traumdeutung‹.
1901	Marconi gelingt die erste Funkübertragung über den Atlantik.
1903	Das Ehepaar Curie erhält den Nobelpreis für die Entdeckung der Radioaktivität.
1905	Einstein veröffentlicht die ›Spezielle Relativitätstheorie‹.
1922	Bohr erhält den Nobelpreis für die Quantentheorie.
1927	Heisenberg veröffentlicht seine Theorie von der Unschärferelation.
1931	Gödel zerstört die Mathematik.
1937	Turing beschreibt die Grenzen des Computers.
1945	Die Amerikaner werfen die Atombombe auf Hiroshima.
1953	Crick und Watson entdecken die Struktur der DNA.
1969	Apollo 11 landet auf dem Mond.
1971	Hawking stellt seine Hypothese von den Schwarzen Löchern vor.
1996	Anzeichen für Leben auf dem Mars
1997	Das erste Säugetier wird geklont.

Bücher über Pythagoras' Leben und Werk

Die Vorsokratiker I. Milesier, Pythagoreer, Xenophanes, Heraklit, Parmenides. Auswahl der Fragmente. Übersetzt und erläutert von Jaap Mansfeld.
Stuttgart: Reclam, 1983
Einige interessante Zitate zeitgenössischer Quellen

Eric Temple Bell:
Men of Mathematics, New York: Simon & Schuster, 1996
Die Mathematik besteht aus mehr als nur einem Haufen Exzentriker. Hier werden verdrehte Ideen und verquere Lebensbilder gut lesbar dargestellt.

Diogenes Laertius:
Leben und Lehre der Philosophen, Stuttgart: Reclam, 1998
Ein frühes und faszinierendes, doch teilweise unzuverlässiges Zeugnis vom Leben und Wirken des Pythagoras

Bertrand Russell:
Philosophie des Abendlandes. Ihr Zusammenhang mit der politischen und der sozialen Entwicklung, München, Wien: Europa, 1997
In diesem Buch findet sich ein gutes, respektlos geschriebenes Kapitel über Pythagoras.

David Wells:
Das Lexikon der Zahlen. Nachrichten von $\sqrt{17}$ bis $3 \uparrow \uparrow \uparrow 3$,
Frankfurt am Main: Fischer, 1991
Ein absolutes Muß für alle, die mathematisch interessiert sind.

& Ideen

PAUL STRATHERN
TURING
&
der Computer

Turing gab die entscheidenden
Hinweise zur Entschlüsselung des
ENIGMA-Codes und
baute den ersten elektronisch
programmierten Computer
Fischer

Paul Strathern

Turing & der Computer
aus dem Englischen
von Xenia Osthelder

Band 14113

Der Computer hat das moderne Leben revolutioniert wie kaum eine andere Maschine; er hat alle Bereiche von Arbeit, Kommunikation und Information so sehr verändert, daß sie ohne ihn schlicht unvorstellbar geworden sind. Ohne Zweifel ist er eine der zentralen Erfindungen des 20. Jahrhunderts.

Nur wenige kennen den britischen Mathematiker Alan Turing, dessen nach ihm benannte Maschine das theoretische Modell aller Computer ist. Turing, der während des Zweiten Weltkriegs die Entwicklung von Rechenmaschinen zugunsten der Entschlüsselung des deutschen Enigma-Codes unterbrach, geriet weithin in Vergessenheit. Doch seine mathematische Grundlagenforschung hat der Realisierung des Computers zum Durchbruch verholfen. Strathern erzählt die tragische Lebensgeschichte dieses brillanten Wissenschaftlers, der mit einem vergifteten Apfel Selbstmord beging, und erklärt Einfluß und Bedeutung des Computer für unser Leben am Ende dieses Jahrhunderts.

Köpfe & Ideen

Fischer Taschenbuch Verlag   fi 7102 / 2 re

Paul Strathern

Galilei & das Sonnensystem
aus dem Englischen
von Xenia Osthelder

Band 14118

PAUL STRATHERN

GALILEI
&
das
Sonnensystem

Galilei entdeckte die Phasen
der Venus, die vier ersten Monde des
Jupiters sowie die Saturnringe
und erkannte, daß die Milchstraße
aus Einzelsternen besteht

Fischer

Das Leben des toskanischen Mathematikers Galileo Galilei (1564–1642) ist bis heute verbunden mit einer Legende: der angeblichen Weigerung, vor der Inquisition seine astronomischen Entdeckungen zu widerrufen. Daß der Mensch den göttlichen Schöpfungsplan durch physikalische Erkenntnisse entschlüsseln könne, diese für die Kirche wahrhaft provokative Überzeugung hat Galilei als erster zum Leitgedanken seiner Forschungen gemacht.

Strathern beschreibt das Leben, die Entdeckungen und die zentralen Ideen dieser kontroversen Gestalt an der Schwelle zur Neuzeit, der wir nicht nur das Thermometer, den militärischen Kompaß und funktionstüchtige Teleskope verdanken, sondern auch das Bild des Himmels »wie er wirklich ist«.

Köpfe & Ideen

Fischer Taschenbuch Verlag

fi 7106 / 2 li

Paul Strathern

Newton & die Schwerkraft
aus dem Englischen
von Xenia Osthelder

Band 14116

Sir Isaac Newton (1643–1727) hat wie kein anderer Naturwissenschaftler unser Bild der Welt verändert. Der britische Mathematiker, Physiker und Astronom gilt als Begründer der klassischen theoretischen Physik und der exakten Naturwissenschaften der Neuzeit. Von ihm stammen die bis heute maßgeblichen Theorien über die Schwerkraft und die Bewegungen der Planeten, über mathematische Verfahren der Flächenberechnung über die Natur des Lichts.

Strathern zeigt, wie revolutionär Newtons Ideen zu seiner Zeit waren und wie sehr seine Entdeckungen unser Leben beeinflußt und verändert haben.

Fischer Taschenbuch Verlag

fi 7105 / 2 re

PAUL STRATHERN

OPPENHEIMER
&
die Bombe

Unter Oppenheimers Leitung
entstand 1943 in Los Alamos
das Laboratorium, in dem im Rahmen
des »Manhattan Project« die ersten
Atombomben hergestellt wurden

Fischer

Paul Strathern

Oppenheimer & die Bombe
aus dem Englischen
von Xenia Osthelder

Band 14119

Er war der »Vater der Bombe«: J. Robert Oppenheimer (1904–
1967). Bevor er zum Leiter des Manhattan Project ernannt wurde,
das in Los Alamos die erste Atombombe der Welt nach seinen
Plänen baute, hatte Oppenheimer bereits eine bemerkenswerte
akademische Karriere hinter sich. Mit seiner linksliberalen Einstellung geriet er im Amerika der McCarthy-Ära ins politische
Abseits, bis ihn Präsident Kennedy öffentlich rehabilitierte.
Der Bau der ersten Atombombe war ein Rennen gegen die Zeit.
Wie es Oppenheimers Team gelang, die theoretischen Hürden der
Kernspaltung zu überwinden und »Fat Man« am 16. Juli 1945 mit
Erfolg zur Explosion zu bringen; wie Oppenheimer mit seinen
moralischen Selbstvorwürfen fertig wurde, diese erste Massen-
vernichtungswaffe nicht nur gebaut, sondern auch ihren Einsatz
befürwortet zu haben – dies und mehr erfährt man aus Stratherns
anschaulich geschriebener Lebensgeschichte eines Forschers in
unmenschlichen Zeiten.

Fischer Taschenbuch Verlag

fi 7107 / 2 li

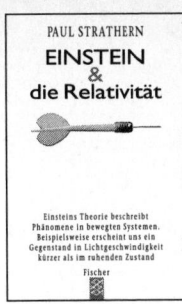

Einsteins Theorie beschreibt
Phänomene in bewegten Systemen.
Beispielsweise erscheint uns ein
Gegenstand in Lichtgeschwindigkeit
kürzer als im ruhenden Zustand

Fischer

Paul Strathern

Einstein & die Relativität
aus dem Englischen
von Xenia Osthelder

Band 14114

Am 7. November 1919 erschien die Londoner *Times* mit der Schlagzeile »Wissenschaftliche Revolution. Newtons Vorstellungen umgestoßen.« Der Revolutionär hieß Albert Einstein. Seine mit diesem Tag nachgewiesene Relativitätstheorie, die Grundlage aller modernen Kosmologie bis zu Stephen Hawking, hat wie wenige Entdeckungen der Menschheit unser Weltbild von Grund auf verändert.

Strathern beschreibt das Leben und die Ideen dieses in Deutschland geborenen, in der Schweiz berühmt gewordenen und weltweit verehrten Forschers, Philosophen und kritischen Zeitgenossen und zeigt anschaulich, was das Revolutionäre an seinen Entdeckungen ist. Was die Theorie der Relativität wirklich meint: bei Strathern ist es klar und verständlich zu erfahren.

Köpfe & Ideen

Fischer Taschenbuch Verlag

fi 7103 / 2 re

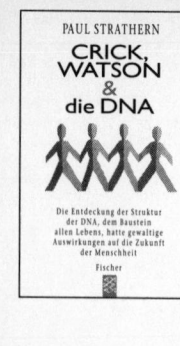

Paul Strathern

Crick, Watson & die DNA
aus dem Englischen
von Xenia Osthelder

Band 14112

Die Entdeckung der doppelt gewundenen Struktur der DNA, dem Baustein allen Lebens, durch Francis Crick und James Watson hatte gewaltige Auswirkungen. Nicht nur ganze Forschungszweige in Biochemie und medizinischer Forschung sind daraus entstanden, auch unser Alltagsleben hat sich seitdem verändert: Gentechnisch veränderte Lebensmittel wurden erst aufgrund dieser Entdeckung möglich. Die grundsätzliche Manipulierbarkeit des Erbguts hat auch neue ethische Fragen aufgeworfen.

Die Erforschung der DNA-Struktur war ein spannendes Rennen zahlreicher Forscher um die Aufschlüsselung des Bauprinzips der Erbsubstanz. Strathern schildert diesen Wettlauf, der zum Höhepunkt der wissenschaftlichen Karriere der beiden Biologen und Startpunkt einer neuen Wissenschaft – der Genetik – wurde, und erklärt die Bedeutung ihrer Entdeckung für dieses Jahrhundert.

Fischer Taschenbuch Verlag fi 7101 / 2 li

Paul Strathern

Hawking
& die Schwarzen Löcher

aus dem Englischen
von Xenia Osthelder

Band 14111

Stephen Hawking ist vermutlich der bekannteste lebende Naturwissenschaftler. Sein Buch ›Eine kurze Geschichte der Zeit‹ wurde
ein Welt-Bestseller. Seine Entdeckungen und Forschungen über
Schwarze Löcher und Kosmologie gelten als wegweisende Schritte
in eine neue Ära; seine Entdeckungen haben unsere Sicht auf die
Welt und den Kosmos für immer verändert.

Wie Hawking zu seinen Entdeckungen gekommen ist, was er
tatsächlich entdeckt hat und warum es so großen Einfluß auf das
Leben zukünftiger Generationen haben wird, beschreibt Strathern
ebenso unterhaltsam wie informativ.

Fischer Taschenbuch Verlag